桃子同学 · 著

一学就会的超级手帐术

U0251230

better me 手帐系列

人民邮电出版社

北 京

图书在版编目（CIP）数据

一学就会的超级手帐术 / 桃子同学著. -- 北京：
人民邮电出版社，2018.11
ISBN 978-7-115-48959-3

Ⅰ. ①一… Ⅱ. ①桃… Ⅲ. ①生活－知识 Ⅳ.
①TS976.3

中国版本图书馆CIP数据核字(2018)第168689号

内 容 提 要

本书集结了桃子同学多年的手帐制作经验，包括制作前的文具选择、手帐排版巧、手帐素材选用、手帐摆拍攻略、手帐收纳方法等。本书旨在为你引路，帮你打开手帐世界的"神秘"大门，让你从手帐小白摇身变为手帐达人。本书配套桃子同学私家录制的手帐制作视频，转换成二维码放入书中相应位置，读者可扫码观看。

◆ 著　　　　桃子同学
　　责任编辑　刘　尉
　　责任印制　焦志炜
◆ 人民邮电出版社出版发行　　北京市丰台区成寿寺路 11 号
　　邮编　100164　　电子邮件　315@ptpress.com.cn
　　网址　http://www.ptpress.com.cn
　　天津市豪迈印务有限公司印刷
◆ 开本：787×1092　1/16
　　印张：13.25　　　　　　　　2018 年 11 月第 1 版
　　字数：312 千字　　　　　　 2018 年 11 月天津第 1 次印刷

定价：69.80 元

读者服务热线：(010)81055256　印装质量热线：(010)81055316
反盗版热线：(010)81055315
广告经营许可证：京东工商广登字 20170147 号

前言 / Preface

距离完成书稿已经过去了一段时间，现在再写这篇前言，有一种沉淀后要再次出发的感觉。顺便又回顾了一遍这花了整整半年时间，终于完成的稿件，很想哭。像是把自己的一部分人生汇集了起来，双手交付出去的感觉。同时又觉得松了一口气，像是要对读这本书的你说："啊，努力了这么久，终于要和大家见面啦！"

手帐对我来说是必不可少的。我在生活、学习、工作的方方面面都离不开手帐的陪伴：用日程手帐提高办事效率，从容面对挑战；用日记本记录日常小事、暖心瞬间；用灵感手帐捕捉心头闪过的一个个好点子；用读书笔记写下学到的新知识，记录当下的想法。

回过头看自己十几年记下的几十本手帐，像是把心情记入时光的长廊，因为每一刻，我们的记忆都会淡化、重塑、更替，只有记录下当下的那一刻，才能隔空对话你那永远找不回的自己。回顾过去的经历，总结过去的教训，只有自己可以教自己成长。

说起这次出书，我万分感恩。因为之前出了一本和朋友合著的手帐书，很荣幸读者朋友们能喜欢，所以我一直有独立出一本手帐书的想法。一是觉得如果独立出书的话，就有机会把自己完整的手帐体系分享给大家；二是自从上次出书之后，我的手帐技能和心得有了质的飞跃，所以想再次与大家分享。

这次能和人民邮电出版社合作，真的非常荣幸。从编辑团队找到我，到我们第一次交换对这本书的想法，再到多次开会敲定大纲、写稿、沟通细节、构思书名、优化版面设计，都非常顺利和愉快。

因为有了这么棒的团队，自己也有了很强的责任感。在写作过程中，我也同时在手帐本里做创作记录，按制订的计划一步步地去实现。我们都对本书寄予了厚望，所以反复打磨。期间，我的内心痛并快乐着。痛是修改与历练的阵痛，快乐是源自看到通往胜利的曙光。

那么，希望把这本书捧在手中的你，可以喜欢它。也谢谢你选择翻开这本书，选择读我的故事。

把征途留给星辰大海，把自己留给明天的你。

桃子同学

2018 年 8 月于北京

目录

Part1 一起开始手帐旅程吧！ 01

1. 和手帐在一起的每一天 01

2. 手帐到底有哪几种 05

（1）日记 07

（2）日程 08

（3）旅行日记 10

（4）读书笔记、美食笔记 11

（5）清单笔记 12

（6）手绘本 12

3. 你对手帐还有什么误解吗 13

（1）手帐只有小女孩才可以玩? 14

（2）做手帐一定要花很多钱吧? 14

（3）做手帐太浪费时间? 15

（4）做手帐, 拼贴很难? 15

4. 我的手帐生活 16

（1）日记本 17

（2）日程本 19

（3）工作日程笔记 20

（4）旅行手帐 20

（5）清单记录本 21

（6）手帐灵感记录本 21

（7）原创品牌 unimoco 灵感本 22

（8）读书笔记之读后感 22

（9）读书笔记之摘抄本 23

（10）读书笔记之知识点记录 23

（11）手绘涂鸦本 24

（12）Q&A a day 五年本 24

Part2 种草清单：文具控的必备文具 25

1. 本子 26

（1）手帐本的规格 26

（2）手帐本的纸质 27

（3）手帐本推荐 27

2. 笔 30

3. 胶带 36

（1）日系胶带推荐 37

（2）欧美胶带推荐 42

4. 印章 43

（1）印章介绍 43

（2）印章推荐 44

1. 找到自己的风格   49

（1）色彩明快的欧美风   53

（2）欧美风拼贴的小技巧   53

（3）浓郁的复古风   54

（4）复古风拼贴的小技巧   55

2. 日记：记录闪闪发光的每一天   57

（1）日记这件小事：当我写日记时，我记些什么   57

（2）每天只需20分钟的日记排版大法   58

（3）捣鼓日记本：立刻上手的装饰小技巧   61

（4）给每天的日记加入自己的小画和有趣的英文   80

（5）超唯美的背景纸装饰法   84

（6）超好用的预切割板   88

（7）日常票据这么收纳超好看   93

3. 旅行手帐：我用一本手帐，保存一段旅行   98

（1）给你看看我的旅行手帐吧！   98

（2）用手帐，行程规划变得这么简单   100

（3）我带这些文具去旅游：旅行手帐装备大公开   104

（4）旅行手帐就这么装饰吧！   108

4. 效率手册：一本搞定更有效率的生活   119

（1）我的时间管理系统   119

（2）给自己设定一个人生计划和年度计划吧   126

（3）方便查阅的月计划打卡   127

（4）周计划：让每一天都效率满满的多色手帐法　132

（5）空白页：给你 note 页的无限可能性　135

（6）备忘页：就是这么变成好记性的　138

5. 读书笔记：慢慢积淀、慢慢成长　139

（1）我的读书笔记长这样　139

（2）怎么选择读书笔记本　143

（3）这么装饰读书笔记，又清爽又好看　144

6. 清单记录本：让你变成清单控　148

（1）清单本　149

（2）灵感收集本　151

Part4 超厉害的手帐素材，你也可以自己做　153

1. 自制贴纸就是这么简单　153

（1）好看的素材这里找　153

（2）素材打印与纸张选择　155

2. 纸胶带还能玩出这么多花样　156

（1）自制圆点贴　156

（2）拼贴圆点贴　158

（3）手帐标签贴　159

（4）自制复古胶带　160

（5）自制烫金胶带　162

（6）自制复古车票　164

（7）胶带手工　165

3. 自制"做旧＆烧焦"效果的素材　166

（1）可以做什么用　166

（2）实际效果　167

（3）所需工具　167

（4）做旧报纸的教程　168

（5）烧焦报纸的教程　170

Part5 拍照攻略：
只用手机，变身摆拍大神 171

1. 光光光 172

（1）柔和的自然光 172

（2）强烈的自然光 174

2. 有了这几个小工具，你也可以拍出像手帐大神一样的照片 175

（1）随手使用身边小物件 175

（2）购买拍照道具 180

3. 摆拍布局，就这几招 184

（1）整齐风格 184

（2）散乱风格 185

（3）细节之美 186

（4）换个角度试试看 187

（5）还能怎么拍 188

4. 修图有时候比拍照还重要 189

（1）欧美风 189

（2）复古风 189

（3）少女风 192

5. 一张照片的"整容"过程 193

（1）复古风 193

（2）欧美风 194

Part6 关于手帐，你可能还想知道的 195

1. 收纳攻略 195

（1）治疗强迫症的抽屉胶带收纳法 196

（2）把胶带们"挂"在墙上 197

（3）整齐又美观的桌面胶带收纳法 198

2. 与手帐相关的英文词汇 198

Part7 让手帐陪伴你一起成长吧！ 201

1. 和手帐在一起的每一天

手帐,这个词在我心中的分量,一天天在加重。像在一起很久的伴侣,随着时间的推移,我们磨合得越来越好,我越来越习惯有它的存在。可能偶尔会有倦怠的时候,但我知道,它很重要。对我来说,手帐的存在就是这样自然而又如必需品一样重要。

我几乎每一天都要写手帐,不写就浑身不舒服,就好像那天没有好好过一样,这样的习惯已经保持了十几年。无论是记录生活小事的日记、消磨时间的小画还是提高效率的日程,在我心里都代表了"美好"二字。

和手帐在一起的每一天,都是充满新鲜感的。每天回家后的固定半小

时是我写手帐的时间。虽然这在我的生活里已经是再平常不过的事情了，但每次写之前我还是会有些激动。想想"今天要用什么胶带来装饰呢？""今天要不要试试新奇的排版方式？"每天被这样的问题"困扰"，难怪会感觉幸福！

手帐也真实地改变着我。细心地观察身边的小事，注意收集可爱的素材（就连朋友们也被我影响，一起外出时都主动帮我留宣传单和门票），然后我发现其实每一天都有那么多瞬间值得感恩庆祝。而效率日程、to do list（待办事项清单）则让做事特别容易紧张兮兮的我，变得从容了很多。在遇到大挑战的时候，我逐渐不再像以前那样，提前好久紧张到脑子里一团糨糊。而是努力让自己冷静下来，在手帐里调整思路，然后告诉自己，已经做了最大的努力，一切从容面对就好。

虽然现在，还没有到追忆往事的年纪，但每当我回看几年前甚至十几年前上小学时记录的手帐，就回忆、感动满满！看到自己一笔一画记下的日常小事，经常不由发笑——"我当时怎么这么幼稚""原来我以前做过这么冲动的事情""原来我还有这样的事情"，在回看日记的时候，我的脑子里不断地蹦出老故事。每次都是带着笑与泪，读着以前的文字。很难想象，几十年后，再去回看整箱整箱的本子，心里会有多大的冲击和感慨。那一定是我最珍贵的财富。

虽说我认为手帐确实让我变得更好，但还是不想带着太功利的心去写，不想因为写手帐而变得怎样怎样。它只要静静地承载我的回忆，就足够让我珍惜。

在以往的手帐分享里，其实我很多次对"手帐"和写手帐的意义，聊过我自己的看法。但我除了"机械"地对"手帐"这个词进行解释之外，其实更多的是想传达写手帐的美好感觉。虽然写手帐这件事可能在坑外（网络用语，入坑指投入一件事情之中，本书中的"坑"即指写手帐这件事）的人看来，只是一个过程、一个动作甚至单纯是购买的物欲，但对在手帐坑里的朋友来说，手帐远远不是"买买买"或者"写写写"这么简单。写手帐对我来说更多的是一种感受。这种感受无法直接地用语言表述出来，只有在你亲自去写的时候，才能感受到那种回归纸笔记录的亲近感以及和自己相处的平静。就像是生活再平淡，也要自己把它变得有滋有味。

虽然在这本书里，我会介绍很多"花里胡哨"的技巧和复杂一点的使用方法，但手帐本身其实是个特别单纯简单的事。所有的装饰、技巧、使用方法都只是锦上添花。想要开始写手帐非常简单，你只需要一支笔和一个本子就够了。写手帐最重要的还是找到适合自己的方式，然后坚持下去。

所以，别给自己太大压力，就让自己轻松开始这段旅程，享受和手帐在一起的每一天吧！

2. 手帐到底有哪几种

"手帐"到底是什么？经常有还没入手帐坑的朋友问我："你天天说你在写手帐，可是手帐到底是什么呢？"

我想先对"手帐"做一个解释——手帐其实代表的是可以画图或写字的任何本子。这个词最初来源于日本，最开始的手帐形态主要是账本、日记、日程本、笔记。但是随着时间的推移，有更多类型的笔记加入了手帐的范畴，比如相册，还有像现在很流行的旅行手帐、美食手帐和读书笔记等。

其实大多数人或多或少写过手帐，只不过你没有意识到那就是手帐。例如，上学的时候我们都做过课堂笔记或者在小本子上记过作业，这些都可以归为手帐。

这里说的手帐分类，其实是不完全分类，仅仅给大家尤其是新入坑的小伙伴提供一些思路，了解手帐都可以写些什么。找到适合自己的类型之后，写起来就更有动力啦！

常见手帐
分类

日记　　　旅行日记　　　　　　　清单笔记
日程　　　读书笔记、美食笔记　　手绘本

（1）日记

日记主要是用文字记录下生活点滴，但是手帐圈的人把它发扬光大了，除了用文字记录以外，还在其中加入很多自己在生活中收集的小元素。

在街上捡到的一片叶子、各种电影票的票根、买东西的收据，甚至是糖纸，都可以贴在手帐里。如果你当天吃了什么好吃的，也可以用绘画的方式将其表现在手帐当中。

图： 把化妆品包装盒上的图案剪下来，贴在了日记里。

（2）日程

日程本主要是为了管理时间而存在的，其内容可以以工作为主，也可以以生活为主。

这是比较常见的日程本，上面会有一些用于月计划、周计划、年计划等的格子，我们可以把代办事项清单写在上面，以提高工作效率。

你也可以用日程本做三餐记录，或者自己设计折线图：以每天或者每个月为单位，监督自己做一些事情。例如，你可以监控自己每天体重的变化，或者每个月读的书目，将这些信息非常清晰地表现出来。

还有一种比较特别又有趣的记录日程的方法，叫作bullet journal，简称bujo，这两年也非常火。它的中文名字叫子弹日记，是由纽约布鲁克林的一个交互设计师设计出来的，它的特点在于快速记录。只需要一个白纸本，一支笔，使用者就完全可以根据自己的需要画出自己想要的手帐本的样式，再加上自己设计的各种标识，如圈、叉、箭头等，做出属于自己的独一无二的手帐。

图：来自ins:life_by_so

（3）旅行日记

在旅行前做攻略、列清单，旅行后写下旅行日记，都是特别有意义的事情。

你可以把一路上收集的各种照片、地图，还有一些收据、飞机票等票据，通通收录到旅行手帐里，制作出属于你自己的旅行回忆。

如果你会画画，那当然更好，你可以手绘一些当地的地图或者建筑。

（4）读书笔记、美食笔记

读书笔记是用来记录你所读过的书籍的。至于是摘抄、记录知识点还是写书评，完全看你自己的需要。我同时有三个读书笔记本，分别"负责"记录这三部分内容。

我在读书笔记上还贴上了每本书的封面。你也可以记下书名、读书的时间、评分，再写一些心得、感想或者是摘抄一部分内容。笔记的内容可以根据自己的需求进行调整，因为手帐永远没有一个固定的模式。本人通过亲身试验发现写读书笔记可以大大提高你的阅读欲望哦，让你更愿意去读更多的书。

美食笔记就是记录下你当天吃的东西，以照片的形式或是以画图的形式记录都行，或者你也可以写一些食谱。日剧里经常可以看到一些女主角手绘的爱心菜谱，其实这个就是美食笔记。

除了读书和美食，还有很多你感兴趣的东西可以记录下来，如养宠物的日常体验、观影记录等。目前，也有专门的兴趣笔记本，本子里已经设计好一些框架格式，写的时候只需要填入相关信息即可，非常方便！

这种笔记就是记录各种清单，比如种草清单、欲望清单、购物清单等，以功能性为主，查看起来非常方便。

我专门准备了一个活页本，记录我的各种清单，在后面的章节会专门给大家介绍哦。

(6) 手绘本

这是自由度非常高的一种形式。如果你会画画，或者你想练习画画，你就可以买一个白纸本作为你的手绘本。画画的工具也非常多，如圆珠笔、钢笔、水彩笔、蜡笔、彩铅、马克笔等，甚至有些人还会用很特别的东西在手帐上作画，如化妆品、指甲油，或者饮料等非常特别的材料。

但大家要注意，选择绘图本时，一定要根据自己绘画的工具来选择相应的纸张，因为每一种纸张适配的绘画工具是不一样的。

3. 你对手帐还有什么误解吗

为什么说容易入坑呢？

因为它从视觉上给人特别大的享受，不管是特别整齐、效率感满满的手帐，还是拼贴、装饰、摆拍都美美的手帐，看完都让人有一种"啊！好想自己也亲自写一本这样的手帐"的冲动。它会激发你的写作欲望。除此之外，提到手帐就绕不开文具，我觉

得大多数人或多或少，小时候都痴迷过文具。就算没有，那现在长大了看到那么多精美的钢笔、本子、印章等文具，也难免把持不住自己！对不对？

很多人都是因为看了一些"有毒"的手帐图片或视频，就义无反顾地跳进了这个大坑，但从没后悔过。

为什么它难以让人入坑呢?

因为很多没入手帐坑的人,看到那么精美的手帐还有那么多五花八门又贵得要死的文具,心里就开始打鼓——"天哪,要做得那么好看,门槛真高!我的字都写不好看,更别说拼贴了""写手帐真费钱,惹不起惹不起"。不知道你或你身边的朋友有没有因为这些原因,而在手帐坑外兜兜转转,不敢进来呢?

这一节呢,我就针对大家对手帐的"误解"来做个解释。

(1)手帐只有小女孩才可以玩?

"手帐是小女孩做的东西,你们整天拼拼贴贴弄得花花绿绿的,我一个男孩子根本就不适合。"

"做手帐听起来是一件很娘的事情,我一个老爷们儿怎么可能做手帐?"

其实手帐的形态非常多,除了花花绿绿的手帐以外,还有像很多"满字党"(网络用语,比喻写满字的一类人)类的,即手帐排版满满得都是字。,或者很多人为了追求工作效率、管理时间所做的效率手册,也算是手帐。所以说手帐的形态是千差万别的,并不是只有花花绿绿的那一种,也并不是只有小女孩才可以做手帐。

(2)做手帐一定要花很多钱吧?

其实我也知道,入了手帐坑之后就很难不入文具坑。文具坑是一个非常大的坑,你可能会想买很多的本子,入本子坑,接着你可能又要入钢笔坑,你入了钢笔坑可能又要入彩墨坑,然后还有纸胶带坑、贴纸坑,各种坑无穷无尽……

但我认为手帐其实是一种最廉价的保存记忆的方式。最开始做手帐,你完全不需要那些东西,那些文具和工具都是附加的。使用最简单的一支笔和一个本子就能完成你的手帐。

所以做手帐花不花钱完全取决于你自己的看法和选择。

（3）做手帐太浪费时间？

恰恰相反，做手帐是一种非常节约时间并且可以提高效率的方式，尤其是接受度比较广的效率手册和日程本，它们恰恰是为了节约时间、提高效率而设定的，能让我们更好地管理自己的时间和生活。

如果你是单纯因为爱好或者想记录生活而写手帐，那就更不是浪费时间了。就像有人喜欢读书、有人喜欢看剧一样，如果把手帐当成是一种爱好，那在爱好上花时间是理所当然的呀！只要你在其中感到快乐和享受，那这时间就花得很值。

（4）做手帐，拼贴很难？

写手帐不需要字很好看，最初只要写得整齐就很棒了！而且手帐不一定非要拼贴或者做得很复杂。如果你想简简单单、没有负担，就整齐地贴一些自己喜爱的胶带或者贴纸就好。或者你喜欢更清爽一点的，那么满字手帐就是不错的选择啦！

拼贴手帐确实需要一些技巧，但是只要慢慢摸索，找到自己的风格，一切便水到渠成。不要给自己太大压力，也不要在还没尝试的时候就在潜意识里一直告诉自己做不成。

还是那句话，享受其中，自然会得到快乐！

看完这些，还在手帐坑边缘徘徊的你，是不是更坚定了入坑的信念呢？如果你已经是手帐坑里的人了，那就在本书中找一找共鸣吧！

4. 我的手帐生活

手帐已经融入我生活的方方面面，因此我每年会同时写好多本手帐。之前还是三四本，但现在已经"丧心病狂"地变成同时写十几本了……但是！不要被我的"豪华"手帐阵容吓到，因为我并不是每天都要写十几本手帐，每个手帐都有专门的用途，很多本子我一个月才会用到一次。每天都要写的手帐基本只有日记和日程。

我会把工作时用的笔记本放在公司，而A7活页日程本则随身携带。我说随身携带，真的是走到哪拿到哪，因为我即使在走路、洗澡、坐着的时候，脑子里都会不停地想东想西。经常有一些新的想法或者要做的事情跳出来，这时候特别需要将这些写在本子里，不然总有一种脑袋里装太多小事，思考速度变慢的感觉。所以就算到楼下买杯咖啡，我都经常拿着这个本子。除此之外，其他本子我都不会随身携带，所以我在购买这些本子的时候主要以功能和喜爱度为导向，就不太会考虑重量或者是否适合携带的问题啦。

我接下来会给大家简单地介绍一下，我的手帐体系中各个本子都是做什么用的。本子详细的内容介绍和使用技巧，则会在之后的各章中介绍给大家。大家可以根据不同本子的功能，选择自己需要的来写！

图： 外出背的包里总会带着日程本，它给我带安全感

(1) 日记本

日记本是我坚持最久的手帐形式了。从小学就开始写，中学开始就基本保持每日都写。之前主要用Hobonichi（日本手帐品牌）的A6款本子，但是这个本子对于爱拼贴的我来说，还是小了点。于是最近换了TN（Traveler's Notebook）款。这个本子的尺寸是我认为最适合拼贴的。两页连在一起基本是方形，无论写单页还是写跨页都很棒！

在内页款式的选择上，我选择Midori、Keep A Notebook和Webster's Pages的空白内页、方格内页和点状内页。

本册：Webster's Pages的TN（蓝色款）

写手帐的时候我一般不设定具体日期，比较自由。尽量每天写，不会大规模地补日记，一般错过的日子就索性不写了。之前用带日期的本子也是，没写的不会刻意去补齐。

自从有了自己的原创品牌，我就立马换上了自己的封皮。自己设计、打版、制作，看到所有的想法转换成实物的那一刻，我真的特别自豪。

我很认真地把控了本子的细节和品质，到现在每天看到它还会被惊艳一下！同款还有梦幻的粉紫渐变daydream款。

本册：我的原创品牌unimoco的TN（wonderland款）

（2）日程本

我特意选择A7活页，就是想随身携带。在任何时候都能马上记下自己的想法和灵感。这样事多的时候也不会脑子乱糟糟的，急着回家规划了，还可以随时安排自己的日程时间，不再惊慌失措。

随身携带日程本还有利于坚持。想想我们大多数时候写着写着就放弃了，其实都是因为懒得把本子拿出来。所以就努力让它随时随地都在自己视线范围之内吧！

本册：外皮LV pm（A7）口袋活页本

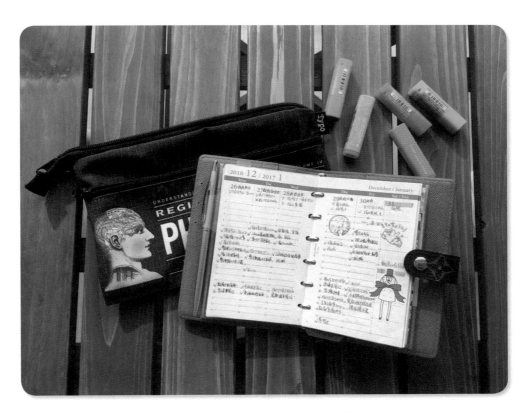

内页：竖轴月计划（Midori）、周计划（Knox）、空白页及格子页（Ashford等）

（3）工作日程笔记

本册： Quo Vadis跨万时方形竖轴日程本

我很喜欢这款Quo Vadis跨万时方形竖轴日程本的内页设计。又白又滑的纸张，再加上很有效率感的内页设计，作为工作日程笔记本再适合不过了。这款是Quo Vadis和法国品牌Papier Tigre的合作款，布面封皮很特别。

（4）旅行手帐

本册： Midori TN（棕色款）

旅行手帐仰仗这本Midori TN手帐。旅行前的规划和旅行后的记录我会分小册子完成。

TN的复古感和旅行好搭，我会一直用下去，希望把它用得更油亮，想要带着它去更多更远的地方！

(5) 清单记录本

本册： 手工红黑皮A6活页

我会把生活中各类推荐、愿望清单（旅行、购物等活动中想要达成的心愿）、网上干货笔记、账号及密码都记在这个本子上。我还养成了随时收集网上零散信息的习惯。把看到的真正转化为自己的，之后查阅起来非常方便。

(6) 手帐灵感记录本

本册： Filofax domino A5（波点款）

平时在看视频或者帖子时会看到的有很多小技巧或者文具推荐，我就都记在手帐灵感记录本上啦。除了这些，我还会记录自己想到的手帐灵感、贺卡灵感（会画简易示意图）、文具种草（网络用语，指"宣传某种商品的优异品质以诱人购买"的行为）清单、拍视频灵感、拍视频时间规划以及每个project（计划）的步骤。

选择A5尺寸主要是因为我有时候需要画示意图，或者贴一些灵感照片，A6尺寸有些太小了。

(7) 原创品牌unimoco灵感本

　　unimoco灵感本我用来记录所有关于我的原创品牌unimoco的灵感、运营和制作过程。可以说这是一本承载了我梦想的手帐！因为我真的想好好把这个品牌做下去。所有和品牌相关的内容，从品牌的起名，到我想做的各个系列手绘图，各处收集到的灵感再到品牌的市场运营，我全都记在这里。本子里除了有文字、手绘等形式的内容外，还有由打印的图片制作成的剪贴板。

本册：Filofax original A5（裸色款）

(8) 读书笔记之读后感

　　读后感本子的本皮是我自己用刺绣贴装饰的，沿袭可爱风。这个本子主要是用来写读后感。没有固定的规则，以自己的小想法为主。

　　小提示：写读书笔记真的容易督促自己多读书哦！

本册：Leuchtturm1917灯塔空白本A5（浅蓝色款）

(9) 读书笔记之摘抄本

摘抄本的本皮我也用刺绣贴装饰了，用来摘抄喜欢的句子，但不只限于书里的好词好句，网上看到的喜欢的句子也会记下来，其出处我会简单记在句子后面。

本册： Leuchtturm1917灯塔空白本A5（玫红款）

(10) 读书笔记之知识点记录

知识点记录本我主要用来记录知识点。和上面的摘抄本不同，这里的知识点不是优美的词句，而是系统的知识。读到专业性较强的书时，我喜欢把知识点梳理并记录下来，这样之后再复习的时候，就有了提纲，看起来会更方便。

本册： Muji牛皮纸硬质封面线圈本A5

(11)手绘涂鸦本

手绘涂鸦本的封皮很特别,是朋友手工制作的。蓝绿色的格子特别好看!角落还绣了我的名字。本子上没有特定要写的内容,而且我也不是经常写。有时手痒想画画的时候,我会随手在上面涂鸦,还会天马行空地配上搞笑文字。有时候看完手绘书,想练习的时候我也会用这个本子。

本册: 朋友手工制作的布面书衣+国产白纸本A6

(12)Q&A a day 五年本

Q&A a day 五年本和日系的五年日记不同,它是以出版物的形式售卖的。每天,本子里都有一个问题。我觉得坚持下来看看自己五年间对同一个问题的看法是不是有大变化,是一件很有意义又有趣的事!也许是因为可以一步步看到自己心智的成长吧!这个系列还有很多其他主题,比如情侣版、学生版、妈妈版等。虽然只写了两年,但我已经看到自己在一些问题看法上的变化和成长了。

一般我在写的时候会先不看之前的答案,写完再来对比。有些答案差别很大,有些却和之前的一字不差,真的特别神奇!

本册: 《Q&A a day 》(它是图书,在网上外文图书类中搜索这个名字就可以)

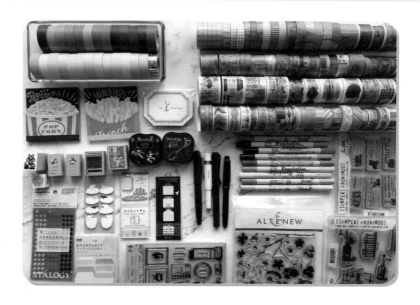

　　我觉得可能有一半以上的"手帐er"（圈内说法，指做手帐的人）都是先因为爱文具，才入了手帐坑。像我自己就是这样，从小就被花花绿绿的文具吸引，最爱把零花钱都用来买文具。

　　小时候，周末最让我感动幸福的事就是来一趟文具店之旅，那时候，我长大后的理想也是当个文具店店主。

　　长大以后因为没有什么途径可以用到文具了，所以写手帐就变得顺理成章。想想看，每天都可以拿出喜欢的文具来玩一玩、用一用，真的很幸福呢！

　　但是文具也是阻碍很多人入坑的一个大屏障。

　　"啊，怎么文具有那么多坑啊！"

　　"笔和本子的品种都太多了吧！到底要怎么选，已经看晕了。"

　　不知道刚入坑时的大家是不是也遇到过这样的问题。尤其是现在玩手帐的人越来越多，全世界又有那么多优秀的文具品牌，手帐新人真的会在文具坑里迷失方向。

　　所以在这一章，我想给大家推荐几种初入手帐坑必备的文具！（当然也不是说真的都要买齐啦，只是想买文具的话，可以先考虑这几种！）顺便再给大家推荐一些我非常爱的单品，让你入坑少走弯路。

　　当然最后还要补充一下，手帐这个坑说深很深，说浅也很浅。你并不需要把世间美好的文具都集齐再开始。

　　所以，千万不要盲目地买哦。

写手帐离不开本子，不过现在市面上本子的种类真的很多，有时候单是这些种类繁多的手帐本，就会把新手弄晕。你可能刚迈了一条腿进手帐坑，就又被吓了回去。

其实只要大概了解本子的分类，搞清自己的需求，就很容易找到适合自己的手帐本啦。

你需要做的就是：确定自己要写什么手帐（日记、日程、绘画等），这样就可以确定你要买哪种类型的本子；确定你常用的书写工具，据此来选择手帐本的纸质。

（1）手帐本的规格

你除了要确定要写的手帐类型，还需要根据自己的生活和使用习惯来确定本子的尺寸和内页格式。这点也非常重要哦！

	分类	说明
按装订方式	定页	不能移动页面位置，但是易于保存收纳
	活页	可以移动页面位置，内页规格也可以自由组合，还可以随意临时增减插页。本皮有非常多的选择，价格从几十元到几千元不等。内页写完收纳起来可能会有点凌乱
按尺寸（常用）	A7(74mm×105mm)	
	A6(105mm×148mm)	
	A5(148mm×210mm)	
	TN(110mm×210mm)	这个可以参考midori的TN尺寸，其他品牌可能稍有不同
	A4(210mm×297mm)	
按内页规格	基本款	比较自由，适合做拼贴，包括空白、横线、点阵/小方格
	日程内页	市面上有非常多的格式，比如一周两页、一天一页等，可以用来做日程规划，列to do list等
	特殊版式	比如专门的菜谱本、读书笔记本等，moleskine出过的passion系列就是这个类型，当然还有很多其他牌子也出过类似的。格子已经画好，非常省事

其实很多知名品牌的本子，都有品牌独有的纸张秘方。这里我就只从使用感觉来说。

选纸质之前，我们要确定自己的书写习惯，比如喜欢用圆珠笔、中性笔、钢笔还是水彩笔等。

如果习惯用圆珠笔和中性笔，其实大部分的纸都是可以"hold住"（网络词汇，指面对各种状况都要控制把持住，坚持，要充满自信，从容的应对一切，也有给力、加油的意思）的，但品牌不同，纸张透墨的程度也会不大一样。

如果你是喜欢用钢笔或者是喜欢用水彩画画的人，那可能在手帐本纸质的选择上就要多注意一些了。像德国灯塔Leuchtturm1917、日本的Midori、Hobonichi，对钢笔和水彩的包容度要高一点。喜欢用水彩画画的人还可以选择专用的水彩本，现在很多旅行手帐也有专门的水彩纸内芯了。

还有一点要注意的是，如果是用油性马克笔画画，那基本任何纸都会透到背面，这时可以选择只使用单面。

说了一堆理论的内容，但其实现在市面上本子纸质的选择真的太多了。大家挑选时还是要看具体的需要，最好可以亲自去店里看一看、摸一摸。

（3）手帐本推荐

图： 来自网络

下面给大家推荐一些我用过的很喜欢的品牌吧！

Hobonichi（简称Hobo）可能是每个手帐er的入坑本。我觉得Hobo的优势在于它内芯的纸质和花样繁多的本皮。先说纸，我非常喜欢，很薄但韧性足够，不会那么容易破损，一年本页数很足却不会太厚重。而且完全可以"hold住"钢笔和小水彩！

更不用说本皮了，在各种定页本里，Hobo的皮是我最喜欢的。Hobo每年都会出很多不同质地、不同设计款式的本皮，从比较平价到比较贵的（如真皮类）都有。

要说我不太喜欢的地方，唯一一点，可能就是它页面上下的日期和文字。其实每天的文字本身是一个小故事，特别有意义，但从拼贴角度来说，会有点影响排版，所以有这个顾虑的同学要注意一下啦！

但总体来说，Hobo依旧是一个非常棒的选择。所以，如果你看到真的很喜欢的本皮，就收一本吧！

灯塔
Leuchtturm
1917
2

图: 来自网络

其实灯塔和Moleskine的常规本的设计是类似的（纯色封面，绑带设计，背后有一个纸质收纳袋），但是从纸质方面来说，我更喜欢灯塔。（当然Moleskine经常会出一些"丧心病狂"的特别封面，我有时候还是会忍不住收一本）。

灯塔的纸完全可以"hold住"钢笔，这算是它的一大优势。而且它的本皮虽然是单色，但颜色特别多。好多本摆在一起形成彩虹色，看着让人心情真的大好！唯一需要担心的是，大家在选颜色的时候可能会比较困难。

灯塔还有一点很可爱的小细节。就是它A5尺寸的空白本里，会附赠一页格子垫纸。其实就是比较厚的一张纸，一面是横格（很宽，适合中文），一面是小方格。这样那些写白纸本会跑偏的人就可以垫着这张纸来写啦。我觉得这个细节很贴心。

Midori
空白本
3

图: 来自网络

我非常喜欢Midori的空白本！它的纸质也很好，很柔滑。而且在本子上拼贴的话，发挥空间会更大。买来时它是用一层薄纸包着的裸本，你可以选择购买同品牌的透明PVC封套、纸封套或者羊皮封套，也完全可以定制属于自己的布书衣。

我选择了同品牌PVC封套，用小径文化的胶带和图案素材进行了拼贴！你也可以自己塞一张喜欢的图案纸或自己的画在PVC里，或者在裸奔皮上随意拼贴，再套上PVC封套，这样就做成了自己独一无二的本子，而且还很省钱。

TN是Traveler's Notebook的简称。很多品牌都出过TN的本子。从本皮来说，Midori、Webster's Pages，还有我自己的原创品牌unimoco（此处良心推荐）都不错！

我之所以爱TN是因为它的尺寸。它瘦长的内页（110mm×210mm），是我写这么多年手帐以来觉得最适合拼贴、最好发挥的一种尺寸了。本子摊开接近正方形，无论是写单面，还是两面一起用，都非常棒，而且还可以横着用哦！

一个本皮，可以同时放好几本不同规格的内页。我一直叫它"定页里的活页"！至于内芯的类型，有各种空白、格子、水彩纸、日程纸，你能想到的，这里应有尽有。我个人比较喜欢Midori和Keep A Notebook这两个牌子的内芯。

Midori纸质好、选择多，我就不多说了。Keep A Notebook算是一个我由不太喜欢，到疯狂爱上的一个品牌。因为它内页上的格子线条很多是蓝色的，纸也不是很白的那种，自带满满的复古感！这类本子如果搭配很亮色的欧美装饰就不适合了，但如果是搭配日系风格或者复古风格，那简直太配了！淡蓝色的格子作为底纹，不张扬，却起到了默

默修饰的作用！同时，内芯可选择性很多，而且功能性很强，有很多小细节、小构思是别的品牌没有的。此外，每个本子里都会附一个使用指导（虽然我从来没有按照指导用过），非常贴心。

以上就是我比较爱用的本子。如果是初入坑的同学，可以参考上面的推荐来进行选择。

2. 笔

我常对别人说："其实一支笔+一个本子，就可以开始写手帐啦！"尤其是刚入坑的小伙伴，在没搞清自己未来的手帐风格之前，我真的建议大家不要盲目或激动（我懂的！刚入坑的时候，觉得好看的东西真的太多了，容易激动！）地买过多的装饰素材。因为以后你很可能会改变风格。于是会剩下很多的素材，非常尴尬。

但是你还是需要一支好笔的。好笔和坏笔给人带来的书写感有很大差别。使用顺滑、好握、粗细适中的笔写字，真的会让你有幸福的感觉，然后让你开始爱上手写这个过程。这时候即使只是白纸黑字，你也会开始懂得，为什么在科技如此发达的年代，还有这么多人爱上手帐，爱上笔和纸这种记录方式。

那这节就给大家推荐一些我常用，又非常喜爱的笔吧。

首先要说，其实笔能否给大家带来更好的书写感，和纸也是有很大关系的。我平时不喜欢用过于厚、表面粗糙、表面过于光滑、不易干墨的纸。所以我现在推荐笔时所说的书写感也是基于使用比较顺滑、没有特殊特性的纸上得来的。

至于透不透墨的问题，除了跟笔本身的出水量有关以外，依旧和纸的材质有非常大的关系，在这里我们也先不做考虑。

我平时比较爱用中性笔，觉得它好用，也好携带，适用的纸质也很多。写日程本时我用圆珠笔比较多。我用钢笔比较少，这里就不做推荐啦。平时购买的时候，我喜欢各种型号都试试，粗笔芯、细笔芯也都会买。

黑色中性笔 ❶

图：从上至下依次为Uni Sigon 0.38mm、Pilot V5 0.5mm和Pilot HI-TEC-C 0.25mm

写日记、读书笔记、旅行笔记时，除了偶尔使用钢笔以外，我基本都是用黑色中性笔。其实我之前也非常爱用圆珠笔来记日记，但是，用圆珠笔写出的字不能长期保存。看着几年前日记中的字迹已经糊掉，我实在是不敢继续用圆珠笔来写了。毕竟日记是我想保存一辈子的珍贵回忆。

在用笔方面我一直是不太考虑笔壳样式的。如果有好看的，我当然会特别心动，但如果那款笔只有朴素的黑色笔壳，却很好用，那我也会很爱用。因为我是更在乎书写感的实用派。

不知道大家会不会有这种感觉——用不同粗细的笔写出来的字完全不一样。我目前最爱用的笔的粗细是0.38mm的。

Uni Signo 0.38mm

　　这款笔是我的最爱，属于比较适合学生年龄的样式，有很多不同的外壳，有卡通/素色可选，非常顺滑好写，而且不挂纸。但书写感实在是不好形容，总之就是写起来觉得很顺手啦。0.38mm的粗度也刚刚好，用它写小点的本子也很合适。

Pilot V5 0.5mm

　　新款的V5是可以换墨囊的，更加环保。它算是我最爱的一款0.5mm粗细的中性笔了。用它写出的字感觉上比一般的0.5mm的笔粗一点点，适合"大字党"。书写感真的比较特别，比起大部分中性笔的凝胶感，使用它写起来，更加流畅，有点类似钢笔的感觉。而且它的笔头是我非常喜欢的针管状，写起字来太舒服了，能让你一写就停不下来。我用这支笔写字特别好看（自豪）！

Pilot HI-TEC-C 0.25mm

　　这款笔有很多粗细的类型，但这里我重点推荐的是0.25mm的超细款！用它写字有种迷之感觉，就像用一根小木棍在写字（这里完全没有贬低的意思，我对它的爱满满）。它稍微有点刮纸，写起来摩擦力明显比其他笔大，但这些在我看来都不是缺点而是独特的优点。

　　用它写出来的字，字迹均匀，而且真的非常细！有特殊需求或者想把字写得很小的人，一定要试试看！

彩色
中性笔
❷

　　我有时候会通篇日记都用彩色笔写，主要是为了配合当天页面的装饰风格。写类似读书笔记、学习笔记这种功能性笔记的时候，彩色笔用得就更多了。按照颜色来记笔记特别一目了然，有助于提高效率哦。

Zebra Sarasa复古色系列

　　这套彩色笔本来只是我偶然看到的，当时只随便买了一支，但用过之后就深深爱上了它，于是果断买了全套。浅棕、墨绿、深红都非常常用，那支蓝色也是复古得恰到好处。

　　用它来记笔记，颜色柔和不刺眼。我倾向于用它来配合带复古拼贴的日记。总之，这款笔百搭不出错，是不能错过的好笔！

Zebra Sarasa彩色全系列

我非常喜欢Sarasa的书写感（可能你也发现了），我用得最多的彩色笔就是Sarasa系列。原来黑色款也一直是我爱用的笔。它的彩色系列颜色跨度很大，像很有名的牛奶色套组，写在白纸上是萌萌的少女风，写在黑卡纸相册上也特别合适。

Pilot Juice金属色系列

Juice系列和Sarasa比较起来，我觉得"水感"会重一点点。它的金属色系列是我的最爱。用它写贺卡、写黑卡纸或者单纯写手帐都非常合适，颜色好看又惊艳。

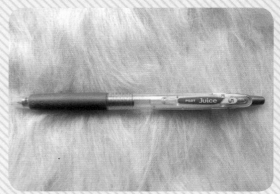

Zebra Prefill多色笔

其实很多牌子都有多色笔啦。但我最爱的一支是Snoopy款，它实在是太可爱了！全系列的笔壳都好看到让人难以割舍。而且多色笔嘛，自由度会更高，大家可以自由选择圆珠笔芯、中性笔芯、自动笔芯，它的颜色和粗细也能让人挑花眼，所以大家根据自己的需要选择就好。

浅灰色中性笔

这里我单推一下这个颜色，很多品牌都有。如前面介绍过的品牌以及Muji的按动中性笔系列，都有好看的浅灰色。

这里特别标注一下是浅灰色哦！不是倾向于棕色调的大象灰。这种颜色的笔非常实用，很适合在笔记里做标注，不会抢戏，只是淡淡的存在，写出来的字也不会淡到看不清。

Zebra Mildliner 4个系列

　　至于荧光笔，其实我一直用的是同一套，因为觉得很喜欢，所以暂时没有尝试其他品牌的欲望。

　　这套笔有4个系列，我都非常喜欢。每个系列都有专属的颜色风格，有和色、荧光淡色等。大家可以根据自己的需要选择。当你4套买齐的时候，就会发现4套混在一起会组成特别美的彩虹渐变色，光是看看就让人的心情愉悦呢！而且用这套笔书写在大部分纸上都不会洇，它双头的设计，特别实用，怪不得常年是手帐圈的"网红"。

　　除了可以用它做笔记、画重点之外，还可以用它绘图、填色。总之，你若用了它，一定会爱不释手的！

圆珠笔/中油笔 ④

　　大多数情况下，我都会使用中性笔，唯独写日程本时，我一直喜欢用圆珠笔。
　　因为我的日程本格子很小，所以需要用很细的笔去写，这时候极细的圆珠笔就很合适了。

Uni Jetstream四色圆珠笔+铅笔

　　这支笔是我的最爱。我的日程本，大部分都是用它写的。中油笔芯非常顺滑，颜色也很浓郁。四色款刚好配合四色笔记法。自带的铅笔和橡皮也可以应对偶尔需要画图的情况。我的笔是金属粉色笔杆，摸起来很有质感，笔的重量也刚刚好！

Uni*Hobo三色圆珠笔

　　这款笔是Uni出品的，不过是和Hobo的合作系列，每年Hobo手帐出新款的时候，Uni也会同步推出一款笔，而且每年笔杆的颜色都会不一样（2016年是黄色，2017年是蓝色）。这支笔是三色圆珠笔，笔芯颜色是经常用到的红、蓝、黑，有替换芯可以购买。

　　对这款笔，我的使用感受是非常好写！中油笔的质地，写出的字很细，特别适合随身携带写日程，用它可以写得很整齐，而且你还能根据不同事情选择不同颜色。

　　Uni虽然也出过很多多色圆珠笔，也是中油笔，但是我用来用去总觉得这款最顺滑（不知道是不是心理作用，但是真的感觉这款更顺滑一点）。没试过的同学很值得去买来试试看。小缺点就是外壳不太好看，质感也稍差。

OHTO极细圆珠笔

这里的极细指的是笔杆极细，其实笔芯就是正常的0.5mm、黑色。因为细笔杆外加金属笔壳的设计，所以这种笔的质感加颜值都非常高，很适合随身携带。我一直把它夹在我的A7随身日程本里。

它的笔芯就是正常的圆珠笔芯，不是中油笔，所以写起来没有前面推荐的那款三色圆珠笔浓黑、顺滑。但是它在圆珠笔里绝对算好用的。而且极细的笔芯并没有影响手感，不会让人觉得拿不住或者写字很累。

其他

⑤

这里推荐一些手绘或者brush-lettering（花体）用的黑色笔。

图： 从上至下依次为Pilot supercolor marker、樱花勾线笔、Pentel GFKP3口袋毛笔和Zebra秀丽笔

Pilot super color marker

这是我给朋友推荐过无数次的油性记号笔，写出来的字真的非常黑，而且笔迹不会太粗，书写感也很好。这款笔用来在胶带或很滑的便利贴上书写，简直再合适不过。生活中也可以用于给光盘之类的表面光滑的物品做标记。这支笔真的是我试过的所有类似款里面最棒的！

樱花勾线笔

这种笔也算是红了很多年，是大家都知道的好笔，粗细有很多选择。手绘时用它来勾线，后续涂色的时候线条也不会晕。而且价格还特别便宜，真的是平价好物！

Pentel GFKP3口袋毛笔

这款毛笔一个特别大的优点就是可以更换墨囊，方便又环保。笔头的刷子类似毛笔刷，笔毛是一根一根的。我买的是中楷，写出来的笔迹还挺粗的。我一般用它来写brush-lettering或随意手绘。画出来的线条粗细不均，有种随意感，非常好看，而且在后续上水彩的时候，它的线条是不会糊掉的！这点真的太重要啦，是加分项。

Zebra秀丽笔

我买的是小楷和中楷。这款的中楷要比前面Pentel款的细很多。这款的笔头不是一根根毛的，而是一体的，适合写小一些的brush-lettering。

在我的涂鸦本里，这款笔用得很多。中文字也基本都是用它写的，有种随意感，我很喜欢。

吴竹ZIG双头水彩毛笔

这个系列的笔，我在小伙伴那里试用了一次就深深爱上了！

它的笔刷超级好用，用它写出来的字会比其他笔写出来的好看。它的颜色也非常美，两端的笔头分别是深浅两色，搭配着用也很棒。如果用深色写字，浅色画阴影，就能轻松写出有立体感的字。用它来涂色也是极好的！

吴竹ZIG自来水笔

我买的是短杆大、中、小三支。因为我不太会画画，只是偶尔用水彩乱涂，所以这三支笔对我来说完全够用了。它的笔杆可以储水，要换颜色的时候，只需要挤一点水出来，然后用纸巾擦干笔头就可以继续使用了，非常方便！很适合随身携带。

小缺点就是，对于新手来说，不太容易控制画画的水量。我的解决方法是，在家画画时，并不使用笔杆里的水来画，而是把它当作普通木杆水彩笔刷来用，搭配一杯水和调色盘，问题就都解决啦。

3. 胶带

　　要说装饰手帐，最好用的应该就是胶带了吧。而且胶带除了装饰手帐，还可以做很多小手工，比如DIY书签、贺卡等。

　　我常买的胶带主要是三种：第一种是连续纹样循环胶带，第二种是单独图案、可以作贴纸用的胶带，第三种是背景图案式胶带。在这三种风格的胶带中，我个人更偏爱背景式胶带，因为它更加百搭和好用！像这样的背景图案式的胶带，我觉得用完10米是没问题的！

网上其实有非常多好看的拼贴示范,把各种胶带融合得像一幅画一样。但是像我这样的懒人,一般走的风格都是比较随意的拼贴风。把胶带和贴纸、预切割素材、自己画的小画、brush-lettering等各种元素融合在一起,做出混合又比较自由派的拼贴。这样做特别简单,又比较自由,胶带起配饰或做背景的功能。只要注意整个画面的风格和颜色搭配就可以啦。

像我一直说的,对于胶带,在你还没固定手帐风格的时候,强烈建议买分装!尤其是那种图案非常独特又不好搭配的胶带。因为这种在手帐里出现一次就会非常显眼,想象一下10米长的胶带,要何时用完?另外,在还没找到自己的风格前,如果一下买很多,之后发现那种风格并不适合自己,就会很浪费。所以!先买分装吧!或者和朋友一起分享一款胶带也行。

针对胶带的具体装饰实例,我在之后的章节会详细介绍。这里先给大家推荐一些对我来说使用率非常高的胶带吧!因为我对欧美风和复古风两种风格都无法割舍,所以具体走什么风格完全是看心情。

(1)日系胶带推荐

小径
文化
①

近两年来,我使用小径的胶带的频率应该是最高的!它真的是完美配角。

它是那种随意撕下一条,贴在手帐里就特别和谐的胶带。在手帐里,它并不占主导地位,但和其他素材,如英文字母、图案贴纸、印章等都非常搭配!

例如,我目前最喜欢的这卷:小径x夏米花园8th 韶光荏苒系列—water。

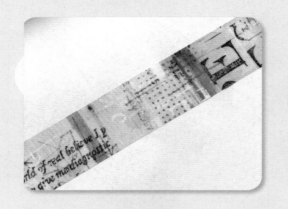

我经常在连续几天的拼贴中都用到这款胶带！对于复古风格的手帐来说，它很百搭，使用率高到"爆表"。最厉害的一点是，它和谁都很配，即使你每天用，页面看起来并不会显得太"审美疲劳"。

下图是我用这卷胶带做的一些拼贴。

小径的其他胶带也非常好看，有很多背景式的，水彩感很重，有随意涂鸦的感觉，还会有那种随机的小英文在上面。贴在手帐上，特别增加手绘感。这对不会手绘的人来说，真的是一大福音。

仓敷的胶带是十足的"网红"。它的风格很日式，也是一个优秀的配角。它有很多款式，如格子款、随意涂鸦的色块背景款和英文字母款等，用它做拼贴时，并不需要将它剪得很细致，撕着用的随意感和仓敷更搭！

我最爱的三款是：牛皮方眼款、方眼三色组款、复古英文报纸款。

牛皮方眼

这款胶带在手帐圈已经大火。无论是直接撕下一截当便条贴在手帐里，还是撕下一些作为背景打底，或者用一小条作为细胶带来写些小标题，都非常好用！

它的纸质和一般胶带不同，不是和纸，而是普通牛皮纸，雾面质感更好，也更容易书写。

我很喜欢把复古印章印在它上面，然后剪下一块作为素材贴在手帐上，特别省事又好看；或者制作成清单列表，上部分简单装饰，下部分就写一些清单，这样实用性更高一些！

方眼三色组

这组里我最喜欢棕色格子那款。在贴完整个页面之后，可以看哪里还比较空，然后随意撕下一段补充上去，绝对不会出错！再或者在其他素材（如照片、贴纸）上面贴一小条，会有种把便利贴贴在墙上的效果，可以增强手帐的细节效果哦！

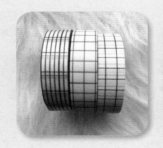

复古英文报纸

右图中这三卷我都非常喜欢。大家可以根据页面的色彩来选择具体用哪卷。这款很妙的一点是，在一个循环里既有很密集的英文部分，也有大字体稀疏的英文部分，不是单纯死板的字母条，所以胶带贴上后不会显得单调。在这里，我尤其推荐在贴完比较清淡的背景胶带和图案素材以后，把这款贴在两者之间，用以中和整体的单调感，增加有趣的小细节！

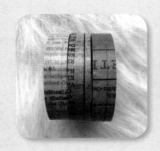

我非常喜欢Aimez Le Style这个品牌！其风格有日系、北欧，很有异域风情。它大多数是单独图案，比较宽，是复杂的手绘款式。线条很自由，不死板，感觉这点是和其他品牌最大的不同。虽然图案大多充满童真，但贴在手帐里绝对不会有很幼稚、很卡通的感觉！其精美程度，真的很像绘本，而且很多款的循环很长！

不过这个品牌的胶带属于图案辨识度很高的。用完一卷真的有点困难。因为同一个图案出现太多次，就不太好有新的拼贴脑洞（由脑补衍生出来的词语，指"脑袋破了很大一个洞，用超强的想象力来填满"，形容人想象力非常丰富，以至于到了匪夷所思的地步了）了。所以我建议，除非有特别喜欢的款式，否则买一两个循环使用，作为手帐装饰的点睛之笔来用就够了。

mt ④

mt胶带真的有名到不需要多介绍了吧！感觉它已经是手帐界最有名的品牌了。每年出的新系列也非常多！所以真的要介绍，可能几天几夜都说不完。这里就推荐几款我非常喜欢、使用率极高的样式吧！

ex系列：复古夹子

其实ex系列，整体我都很喜欢，如回形针、纽扣封口、封蜡等款式，都很实用。还有交通工具、地图等款式也是好看极了。这里只介绍一款经典的复古夹子。

夹子的最常见用法就是贴在便利贴/素材上，可以制造出夹住的效果！几款夹子都是满满的复古感。我一般会根据夹住的东西的大小和整体页面的颜色，选择具体的夹子款式。夹子有红、黄、蓝、绿以及金属色系等颜色，基本可以囊括各种风格和配色啦！大家也可以在页面上贴上一个夹子，然后自己画个边框，制造出便利贴的效果。

slim deco窄款：黑白

对于这套胶带，我曾经放话说："如果这辈子只能用一组胶带，那就是它们了！"因为这套胶带真的太百搭、太好用了！尤其是黑白波点款。在我的手帐里，无论是比较早期的杂志风，还是后来的清新欧美风、复古风，一直都有这款胶带的身影。它以那种毫无存在感的方式存在着！细小的波点可以给页面增加很多有趣的小细节。

金银色系胶带

mt出过很多金银色系胶带，包括纯色、波点、斜纹等款式，都非常百搭。日系胶带的金色比较素雅，和其他复古风格的素材也更搭。而欧美烫金胶带的金色会亮很多，有种金闪闪的效果，和欧美素材更搭。具体选择哪种金色款胶带，可以根据你的喜好来定，大致的搭配方法是类似的。在整体色系是棕色的复古页面上加入一点点金色，会特别提气。

The Happy Planner胶带套组

这款胶带出自Mambi的 The Happy Planner，和小径的日系风不同，它是鲜明的欧美风。以一小桶为一个单位售卖，一桶七卷，官网价格是 9.99 美元，代购的话要六七十元人民币，相比日系胶带，价格非常亲民。它的款式非常多，并且还在不断推出新款。很多套装里都有欧美风必备的烫金元素。之前提过，欧美风的烫金会更亮一些。如果初入欧美坑，其实买一套就够了。因为一套里已经包含了很多颜色，并且有烫金、有图案，它们互相搭配着，画面很和谐。

和纸胶带本

这种胶带本其实有点类似分装胶带。一本里面有很多已经切成一小段的胶带。它的优点很明显，就是一本里的图案非常多，并且彼此之间无论是颜色还是风格都非常和谐。直接搭配着贴就好，无须考虑很多！欧美很多品牌都出过这种胶带，黏性比卷装的要好，并且质感很棒！大家一定要去试试看哦！

欧美胶带更偏向卡通风，颜色也更艳丽！欧美品牌的胶带，带循环图案形式的比较多，很适合直接撕一条做搭配拼贴，或者整条贴在手帐边沿，这样既有装饰效果，还可以保护页面。相比日系胶带，欧美胶带的胶和纸不会那么好，但是价格便宜很多，而且也不至于不粘到翘边啦。这里给大家推荐两款好买又好用的欧美胶带！

4. 印章

（1）印章介绍

印章虽然不是写手帐的必需品，但却是一个可以让手帐更惊艳的小工具。

因为我不太擅长画画，所以印章变成了我的超级爱用物。手帐中增加手绘感全靠它。无论是直接印，还是印完再涂色，使用印章后的效果真的都很像手绘，而且印章的风格选择也很多，有复古素描风、可爱卡通风、手绘水彩风、日程功能风等。所以同样不太擅长画画或想给手帐增加更多小细节的你，也可以来试试印章哦！

除了印手帐，印章还有很多用途。比如配合凸粉做贺卡，包装礼物的时候增加可爱的小细节，或者用于做书签等各种DIY。所以买完印章，你要发愁的可能是怎么打开脑洞，想到更多有趣的用法。

印章按材质来分，大致可分为两种：一种是木质印章，另一种是粘贴式透明印章。

木质印章的质感更好，把它拿在手里就感觉超幸福，作为摆拍道具也非常美。但是收纳会比较占空间。而粘贴式透明印章，虽然质感不敌木质印章，但使用时只需配合一个透明亚克力板，收纳又很省空间。而且一整套图案算下来，单价要比木质印章便宜很多，它的风格也更多。它一整套的厚度通常也就只有不到5mm，完全可以像贴纸一样一套套排起来收纳。透明印章还有一个很棒的优点，就是在盖印的时候，完全可以看到下面的情况，这样就不大会出现印歪的情况，套印也变得极其方便呢！

注意：透明印章本身是没有黏胶的，但是因为材质的原因，它自带黏性，可以很牢固地粘在亚克力板上。如果时间长不黏了，只需要用清水清洗，然后自然风干，就会恢复黏性啦！

关于印章的清洗

市面上有专用的印章清洗剂，直接把清洗剂喷在印章上，然后用纸巾擦干即可。

也可以直接用湿巾擦拭印章，然后确认它盖在纸上没有杂质印痕就可以啦。

这里要特别说明的一点是，由于印泥的质地各不相同，所以确实很多印泥用完后，会把颜色留在印章上。这种颜色是擦不掉的，所以大家不必过于纠结，只要确认它盖在纸上没有印痕，就算是清洗干净啦！

关于印章的购买

淘宝或亚马逊海外淘上可以找到很多样式的印章。个别找不到的可以百度品牌名,搜出官网,这时候就需要海淘啦!

我拍过一个印章介绍的视频,可以供大家参考。

扫码看视频
"印章介绍 + 试色"

(2)印章推荐

Stampers Anonymous 的Tim Holtz系列 ①

复古印章在我心里排No.1。其款式非常多,画风非常好看。这种风格的印章图案特别细腻,线条很复杂,还有做旧效果,印出来很像画的。它是胶皮材质的,有一层海绵,和透明印章一样,使用时要配合透明亚克力板。

其实复古风里还有一个品牌名气也很大,就是Cavallini。但是相比之下,我更推荐Tim大叔的印章。因为Cavallini是铁盒木头章,相对来说没那么好收纳,并且它的很多款风格和Tim的很像,但单个印章价格算下来比Tim的贵不少。所以如果只能买一种,就买Tim吧!

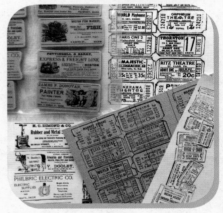

Tim还出过很多票据系列印章,非常貌美又实用。用它DIY,甚至能省掉买车票款胶带和贴纸的钱啦。

这套笔刷、文具系列的印章,算是目前我的最爱。别看只有三个大章,但实用性可以打一百分!刚买到的那段时间,基本每天的日记里我都要用到它们,但没有重复感,可以创造出很多不同的效果!后面的章节会做具体介绍。

帮你开脑洞

　　Tim的复古印章，除了可以直接印在手帐上，还可以DIY什么呢？我们一块来看看吧！（其他品牌的印章也可以这么做哦！）

A.做复古车票

　　把车票款印章印在有复古感的背景纸上，就可以创造出各种效果、各种色系的DIY车票啦。将它直接贴在手帐上，效果就很一流哦！

B.做复古胶带

　　用油性速干印泥（画重点，必须是这种印泥哦，我用的是月亮猫牌的），随意地把印章盖在胶带上（胶带用的是mt单色款和Muji单色款），就可以做出属于自己的独一无二的复古胶带了哦！速干印泥印在胶带上，几秒就可以干透啦，不用担心图案会被蹭花。具体的做法和更多花样，我会在之后的章节详细介绍！

C.自制透明贴纸

　　将印章蘸取油性速干印泥（继续画重点，一定要是油性速干印泥），印在硫酸纸不干胶上，就制作出属于自己的复古透明贴纸啦！无论直接用它贴手帐还是和其他素材叠贴，效果都和直接印章一样哦，基本看不出来是贴的！

　　这样做的好处非常多！一是可以一下印出很多。用的时候直接剪下来就好，不需要每次都倒腾印章。二是解决了印章直接印在手帐上会透到背面的情况，这会让页面非常干净整洁。而且硫酸纸不干胶很薄，基本不会增加手帐的负担！

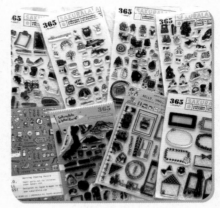

Sakuralala这个品牌很妙！它是来自夏威夷的文具品牌。整体的画风兼具日系风和欧美风。它最出名、推出也是比较早的系列是365系列，主要分春、夏、秋、冬四大主题，还有一些校园、边框等的主题。图案都非常可爱！而且很实用，一些节日元素、生活元素都涵盖其中。

它的每套印章里基本都有套印的小章，如人物的衣服之类的，都是后套印进去的。（虽然这种填充的颜色完全也可以用彩笔涂出来，但套印出来的效果会更好玩，看上去很不一样。尤其是有一点点印偏的时候，会呈现出一种特殊的质感！）

后来这个品牌还出了和旅行相关的组合，比如夏威夷、日本主题印章。我去日本旅行的时候，专门买了这套，用在旅行手帐里。里面有寿司、人物、茶杯等元素，不仅萌到心坎里，还特别实用！

这个品牌换了设计师之后，出了更加复古的"Hello,small things"系列。我觉得叫"轻复古"特别合适。因为这款的风格不是Tim那种素描感、做旧感很强的风格，但又和以前的小可爱风不同。不论你是欧美风还是日系复古风，用这个系列都会觉得它很百搭！强烈推荐！

因为主题性很强，所以Sakuralala的印章用来做小书签和贺卡也超好看的！右图为该品牌冬季圣诞系列印章，我用它做了很多的小物件，送给朋友，真的特别实用！

L2e应该是很多人的入门款欧美印章。这个品牌最有名的是各种日程小图标和各式字母的印章。日程图标印章有各种系列，如生活、运动等。图标是计算机里那种比较规矩的形状。

所以，如果你的手帐是以日程为主的，L2e很值得一试！除了印日程本，我有时候也会用它做一些单页的周末待办事项清单。

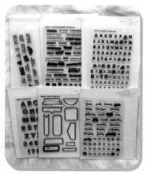

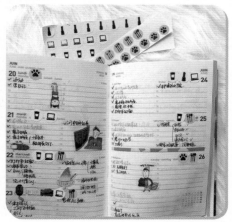

帮你开脑洞：DIY日程贴纸

这样一个一个的小图标印章，也有一个问题，就是很细小，每次印日程本很麻烦，可能大多数人都是新鲜几天，就将其放在角落里落灰了。有一个小办法，可以轻松解决这个问题——搭配标签贴，制作自己的日程贴纸！然后只要拿几张塞在手帐里，就可以随用随贴啦！

可以像图中这样，一排印一种图标。还可以发挥想象，如使用多种尺寸和形状的图标，不同图标用不同的颜色表示等。

像这种长形的标签，就有空间在图标旁边写字！

一些补充

其实印章的品牌非常多，在这里就不一一介绍给大家啦！

下面这些品牌也都很不错，大家可以去搜搜看！

欧美风：My Favorite Things、Create A Smile、Hero Arts的Kelly系列、Mama Elephant、Lawn Fawn、Altenew、Cavallini、Technique Tuesday、Waffle Flowers。

日系风：小径文化x夏米花园、Kodomo no kao、Masco Goat、仓敷意匠、36 sublo、Tokyo Antique、Oscolabo、HANTO。

除了上面给大家推荐的一些品牌，其实无论欧美还是日系，都有一些个人工作室出品的印章，也特别好看，而且不容易和别人撞款。如果你喜欢小众一些的印章，可以在Instagram上多搜搜看。会有很多有趣的发现。唯一的缺点可能就是不太好买。

关于印章的使用方法，我也拍过一个《我的印章collection》的视频，供大家参考。

扫码看视频
"我的印章 collection"

1. 找到自己的风格

　　我觉得手帐的风格有时候有点像穿衣风格。我这么说的原因主要有两个。一是，每个人都有自己的审美；二是，确实某段时间会有某种特定的风格流行，随之而来的是某种风格的文具流行。

　　但是就像穿衣服要找到最适合自己的风格一样，写手帐也是坚持自己最重要。因为手帐代表的是我们自己啊！无论"风"刮得多么大，或者网上的图片有多么好看，在每个日落黄昏后，一天结束之时，拥有这本手帐，珍惜这本手帐，几十年后再次翻开这本手帐的都是我们自己。

　　手帐可以说是真正的私有财产。我们完全可以选择不给任何其他人看，因为手帐记录的是自己的心情，自己的体会。

所以在手帐风格这件事儿上，别听别人的，我们只听自己的好不好？

有时候流行是追不完的，流行的文具也是买不完的。所以别管什么欧美风、复古风或其他各种风。你喜欢怎么写就怎么写！

喜欢生活中的小物件，就把票据、新衣服的吊牌等贴进去；喜欢和朋友的合照，就多贴照片；喜欢可爱的贴纸胶带，那就多贴你喜欢的贴纸胶带……

虽然我知道，这章主要是介绍手帐风格和装饰技巧的，但我还是要说，书中的一切内容只是给你们提供一些灵感。你不需要一定给自己下个定义说"我的手帐就是日系风的"或者"我的手帐就是复古风的"。你完全可以把各种风格融合起来，也可以今天日系风明天复古风。

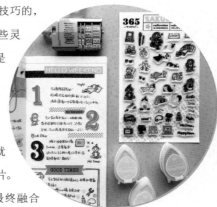

所以在找风格这件事上，给大家最大的建议就是：别那么在意风格，还有就是别完全照搬网上的图片。

跟着你的心走，然后参考一些别人的小技巧，最终融合成专属自己的风格，才是最酷的！

至于排版和配色，相信我，多写多练真的就会找到感觉！给自己一些时间、耐心和信心。

好了，"鸡汤"给大家灌完了，接下来说些可以实际操作的。

我的手帐风格其实就是一个大融合，而且在这十几年写日记的过程中有了很多的变化。单从最近两年看吧，风格就更多样了，排版也进步了很多。刚开始时，我比较喜欢用杂志素材，剪很多有趣的模特小人贴在手帐里。后来用这种技巧比较少了（不过还是很推荐）。因为现在手边素材很多，所以想打开脑洞，创造更多可能性。

　　我最近的手帐风格是两个极端，一种是色彩明快、比较可爱的欧美风；一种是颜色比较浓重的复古风。（原谅我刚才用了那么大篇幅说不要给自己的风格贴标签，却还是在这里说了自己偏爱的风格。主要还是为了让大家练习的时候作为参考。）

　　其实这两种风格都有一些规律可循。这里我提供一些思路，以便初写手帐的朋友快速抓住精髓，之后慢慢消化、演变成自己独一无二的风格。

| 图：我的手帐风格变化

（1）色彩明快的欧美风

欧美风的素材都是色彩比较明快的，图案本身的画风较复古风更"轻"一些，会出现更多偏卡通的素材。

常见的欧美风元素有：烫金、波点、菠萝、火烈鸟、冰淇淋、爱心、各种英文小短句等。

装饰欧美风的精髓就是，明快、明快、明快，看起来闪亮到心里的那种。

（2）欧美风拼贴的小技巧

Tip1: 做欧美风手帐的时候，可以按配色装饰，在一个页面选用2~3种核心颜色，进行大面积渲染，然后加入一些百搭的金色元素。

图：以黄色、粉色为主，加入金色元素

Tip2: 大面积应用黑白两色的图案（比如直接印印章），然后穿插某一种颜色，让页面和谐又好看。

图：黑白印章中加入粉色小细节

图：在图案贴纸或印章中加入英文短句素材

Tip3: 在各种图案贴纸或者印章周围加入英文短句的素材也特别出彩，还可以试着在这些素材旁边直接叠贴几层不同图案的欧美风胶带。

Tip4:　如果想让页面非常亮眼，让人印象深刻的话，可以试着把整个页面先用图案背景纸覆盖，再在上面做进一步的装饰。

选择背景纸的时候需要注意，最好选择单一纹样（比如条纹、三角、波点）的，颜色最好也不要过于鲜艳，白色+淡彩或白色+烫金元素的背景纸就非常合适。

（3）浓郁的复古风

复古风整体给人的印象是暖暖的。大面积多用棕色、米色、黑色、白色这类的颜色来表现。复古风的手帐中如果需要使用彩色，比较适合用带有做旧感的颜色，比如：暗红色、墨蓝色、墨绿色、南瓜色等，不建议用很鲜艳或者粉彩的颜色，会破坏整体的感觉。

常见的复古风元素有：车票、地图、咖啡、打字机、夹子、复杂花朵、交通工具、复古人物、复古海报、带素描感的插图、标签贴和复古字体的英文、数字等。

做复古风手帐的时候，我会大量运用拼贴、叠贴的技巧。把各种胶带、图案贴纸或者印章一层层叠加，一个压一个。你会发现，各个元素之间很容易就有了联系。这样可以解决很多朋友经常遇到的一个问题，就是："我贴的手帐为什么看起来很没有整体感？"

（4）复古风拼贴的小技巧

Tip1: 使用背景胶带时，不直接拉条用，而是先随意地把胶带的直线边撕下，形成手撕边效果。这样无论贴在页面的边沿还是用作叠贴打底，都很不错。

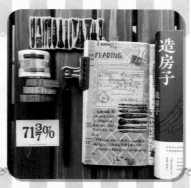

Tip2: 多用牛皮纸元素。可以直接用牛皮纸打底，或者把印章印在牛皮纸上，再贴在手帐里。会有很不一样的效果哦！
牛皮纸可以直接购买一大张那种，或者使用仓敷的牛皮方眼胶带。

Tip3: 使用抽象图案的胶带和印章。例如，小径文化和仓敷的胶带、夏米花园的印章，很多都是所谓的"抽象图案"。

随意风胶带：随意色块的涂抹，加上各种不完整英文的印刷，使得胶带本身就充满了随意感，等于帮你省去了一半的工作。

抽象的印章：这种线条、字母组合的印章，可能并不代表具象的图案。但印在手帐里，就自带艺术感！

创作复古风拼贴时要记住的三个关键点：（1）注意用色；（2）叠贴；（3）用细节增加随意感。

除了上面的小技巧，关于创作复古风拼贴还有一些小点子，能让你快速抓住精髓。

Tip1: 印章不单独印在纸上，而是压在其他素材上（也就是特意一半印在纸上、一半印在素材上）。这样可以很好地增加素材之间的关联感。

Tip2: 在图案素材旁叠贴相近色系的pattern胶带。例如，金色+棕色、棕色+米色等。图案也可以相互混搭，只要有繁有简就好。不要几款叠加的胶带都是很复杂的纹样，那样看起来会比较乱。

Tip3: 同一页面素材，尽量选用相近主题。例如，使用了船的素材，就可以搭配一些票据、表格的素材。如果是植物主题，素材就都选择自然系。尽量不要将差别过大的物品放在同一页，如花鸟和火车。

Tip4: 多用英文元素点缀（这部分后面会有一节专门来说），主要是指可以在页面中运用较大的英文短句来表现主题。或者在整个页面搭配好后，用英文胶带或手写小英文进行"填缝"或者看哪里的叠加火候还不够，也可以再叠加一点英文元素上去。

关于找到自己的风格和怎样快速抓到某种风格的精髓、快速上手，就介绍到这里。下面的章节里，还会有很多非常具体的装饰、排版技巧介绍！

2. 日记：记录闪闪发光的每一天

（1）日记这件小事：当我写日记时，我记些什么

我经常被问到的一个问题是："你坚持每天写日记，都写什么啊？我感觉没啥好写的……"

其实好多人对写日记这事儿有误解。可能是上学的时候，被作文或者周记类的作业吓怕了，特别怕写字。其实在我看来，我们现在写的日记，和上学时候被"逼"出来的作文，完全不是一回事！

所以，不要把日记这件小事儿变得太严肃。因为在我们的手帐里，可以完全做自己。不需要考虑什么前后呼应，也不需要用什么高级的句式和华丽的辞藻。它可以只是我们每天的碎碎念、小想法、小记录。别怕写的是"流水账"或大白话，因为这是自己的日记，怎么开心怎么来，没人有权利评判你的日记内容是不是有意义。把手帐日记的门槛设得太高，会让自己很难坚持下去。当一切变成任务的时候，手帐就会失去原有的意义和乐趣了。

所以最好的方式，就是把手帐当作一个亲近的好朋友，然后像在对朋友倾诉一样，把语言表达成文字吧！

这样看来，日记是不是很简单？

写日记时有很多种思路，例如，你喜欢吃美食，可以记录美食日记。把吃的东西用图画或者照片表现出来，然后加上自己的感想。还可以记录每天的食谱，做成健康日记。如果想练习水彩画，可以来个绘画日记、每日一画。喜欢时装的朋友则可以写服装搭配日记等。

除了上面提供的思路，你还可以打开自己的脑洞。日记没有固定的格式，是完全根据你自己的喜好来写的！日记具体是图多还是字多，也完全看你自己。

哪怕你的日记里没有一个字，只是用拼贴和图画来表达心情，也是完全可以的！如果觉得这些可以让你放松，对你有很好的疗愈效果，又很有意义的话，就放手去试试看吧！

在我看来，日记除了有记录功能以外，还是一种娱乐和放松的方

式。就像有的人喜欢看电影，有的人喜欢看书一样，有些手帐er用写日记的方式，找到生活的乐趣。因此，不要觉得某种日记没有意义，浪费时间。只要你觉得从中得到了快乐，这就是最大的意义呀！

我们赋予包括日记在内的手帐以"让生活更美好"的意义，但不要给自己过大的压力，觉得自己写手帐一定要取得什么结果。写手帐就是写手帐，做计划也只是做计划。手帐可以让我们生活得更精致，更有条理和效率，但真正实现自己目标的，还是写完手帐后，去把手帐里的计划付诸实践！

所以对日记这件小事儿，我想说的就是：Just relax and have fun!

（2）每天只需20分钟的日记排版大法

我平时在个人社交账号的日记图，看起来让人眼花缭乱。经常有妹子说："感觉你的排版好好看！但是看起来好难、好复杂呀！"其实看起来内容丰富都是每页的贴纸胶带的功劳。我常用的排版套路，就那几个。只要掌握这几个排版法，人人都能快速做出一个好看又省事的页面哦！

首先说明的一点是，我通常的做法是先装饰再写内容。因为这样装饰起来，构图比较没有限制。等于先在白纸上拼贴出一张"背景"来，然后加入内容。最后看哪里比较空还可以再补充一下。

① 拼贴的基本原则

做拼贴的时候要注意一个原则：让各个元素之间都产生关联。这样就不会有那种，所有素材都是一个个单独分离的感觉了。

怎么达到这种效果呢？

• 整个页面的素材都是相近主题，比如花鸟、交通工具、人物等。

• 整个页面的颜色都选用相近色系。不要颜色过多，主色调3种比较合适，然后可以加入一些类似的颜色。

• 当想并列贴多个图片素材或者贴纸的时候，试着给它们加个背景吧！无论是用胶带贴，还是用印章印，或用彩笔涂色块都可以。加上背景之后，都会让各个素材更有是一个"组团"的感觉，不会有太多分离感。

• 善用多种素材叠加。就像之前章节提到过的，如果素材很多，可以将不同风格材质的素材叠加来做拼贴。让多个素材形成一个整体，做出"一个大图案"的效果。

② 拼贴的常用套路

上下/左右结构

按照这种结构进行拼贴，拼贴后的页面上会有比较完整的书写空间。在中间部分写完字后，也可以再加入类似分割线、小标签之类的贴纸作补充。

拼贴时可以直接使用宽幅的胶带，这样省事又好看。适合清爽风的页面。

如果想做比较复杂的拼贴，可以在页面的上下两个区域内分别做拼贴。这时候可以先用某种宽胶带做背景打底，如报纸胶带、仓敷的方格胶带等，让整体有一个上下呼应。然后在此基础上，贴一些装饰素材，如主题贴纸或者打印的图片。

对角线结构

这种结构是我最喜欢用的，因为看起来页面很丰富，但又不会很乱。

其制作方法就是先找到页面的两个对角，然后在两个对角上分别贴出一个"融合的大图案"。

像这样把各种风格的素材揉到一起，形成远看比较复杂，又很有细节感的大图案，然后霸占一角！如果觉得两个角都这么贴太乱的话，可以考虑只贴下面一角，上面做些简单的呼应。例如，用和下面一角同系列小贴纸、胶带、印章等进行简单搭配。或者用相同的主色调来写一个brush lettering的标题吧！

四面环绕结构

这种结构基本就是前两种结构的结合。其实就是把四周都"围起来"。是不是听起来超简单！我觉得，其制作方法也是这几种结构里最简单的！

• 你可以直接用好看的胶带拉条做出一个"框"。如果觉得单调，在框的边角随意贴一些小贴纸就好啦。

• 还有一种方法，做起来简单，但看起却来很有料！

此时需要那种套装小贴纸或者单个图案胶带（图案都是类似主题的），下面是简单操作步骤。

把小贴纸或者单个图案的胶带，按图案剪下来，然后把每个图案从中间剪开。（剪的时候要注意，一定不要太规则，也不一定要两部分剪得一样大。总之越随意越好！）

剪完之后，把切口沿着页面边沿贴好。（这时要注意的是，同一图案剪出的两部分，可以贴远一点）

贴完以后，用其他小装饰收尾！看哪里比较空就加些星星点点的小素材吧！

这样拼贴出来的页面是不是看起来很可爱？

中心图结构

在页面的正中间进行拼贴，套路和其他结构也差不多！比如前面说过的用各种相近元素进行叠贴，或者可以尝试使用花环、场景等这流行的元素来拼贴！用这种方法，文字围绕着中心图案来写就好啦！

重点图案结构

一般在什么情况下会选用这种结构呢？就是你锁定了一个特别喜欢的图案素材并想以这个图案为主进行拼贴的时候。

不过这个素材图最好稍大一点。如果太小，贴在手帐里会比较没有存在感。整个页面看上去也会给人没有"重点""中心"的感觉。

例如，你看到一个特别好看的花朵图案素材，并以这个图案为主进行拼贴！把它贴在合适的位置后，其他素材都是以衬托的角色存在的，这时候为了不喧宾夺主，其他素材的颜色和大小都要注意哦！颜色和主素材搭配就好！大小就千万不要超过主素材啦。而且最好其他的"陪衬"不是太具体的图案，而是类似英文字母、报纸、色块这一类的胶带（这类素材真的可以多囤，感觉每个页面上都可以用一点）。

好啦，我常用的排版大法就是上面的五种。操作起来真的省事，不费脑子。

当然这五种方法只是最基本的方法，而且以省时好上手为原则。如果想做更复杂的拼贴，例如田字格法等。大家可以慢慢探索，或者参考网上的样图哦！

（3）捣鼓日记本：立刻上手的装饰小技巧

① 胶带，撕着用更好看！

平时用胶带，除了比较常规的方式——把图案剪下来当贴纸用以外，我更喜欢随意地撕着用。

什么样的胶带适合撕着用呢?

带有完整、单独图案的胶带就不大适合撕着用了。相对来说平铺图案的胶带比较适合。但和撕着用最搭调的还是看上去比较随意的"背景式"胶带。就是那种带有并不是特别规矩的图案的胶带。

撕着用,和这类胶带本身的格调就特别搭。

撕着用胶带有什么好处呢?

它像拉条(就是整段胶带拿来用)一样简单!而且比拉条更随意、更好看!

拉条贴出来的页面,难免会有点单调死板!所以试着改变原来的拉条习惯,试试看将胶带撕一下再用吧!

A. 宽胶带撕着用!

宽胶带特别适合撕了当背景用。如果直接用拉条贴会太宽,而且有些死板。

具体怎么撕?随意从边沿撕开就可以!撕开的胶带最好不要出现很刻意的直线,有波折的曲线为好,自带做旧效果。撕好的胶带作为打底,再在上面做拼贴或者写字都会更有感觉呢!

如果宽胶带从中间一撕两半,每一半各霸占页面的一角,还会有种呼应的感觉。

原谅我总是来回推荐这几款胶带,真的是因为实用!你看,买这么几卷,书里好几章的技巧都会用到,是不是特别棒!

• 仓敷胶带

仓敷胶带系列中的牛皮方眼胶带、蓝色方眼胶带都特别适合拿来撕着当背景用。牛皮方眼胶带复古风很浓,还可以用来DIY烧焦效果。蓝色方眼胶带也是我的心头大爱。因为它的蓝是复古蓝,配什么风格都没有违和感。加上一些冷色系元素的贴纸一起用,会特别出彩哦!

• 小径文化胶带

小径文化胶带，我之前就推荐过，该系列很多都是随意涂鸦风格的。看似随意的色块组合加上一些做旧效果的英文图案，都不需要自己配色，贴上特别有艺术感，效果很像是手绘！

• 各种英文、报纸类胶带

报纸胶带也是贴背景的一把好手！其风格完全由上面叠加的素材来定。因为本身图案已经比较复杂了，推荐贴一些彩色素材，"黑白+黑白"会有点乱。

B.窄胶带撕着用！

窄胶带的撕法和上述的宽胶带撕法一样，随意将边沿撕成不均匀的形状，贴在页面的边沿即可。这样真的比直接拉条更灵动。

另一种则是用手撕代替剪刀，在胶带两头做出随意效果。

撕下来一截，写上标题，就成了自制的标签。

在手帐里贴上照片后，贴上一截手撕的单色胶带。在不规则的素材四周，也可以随意贴上一小截胶带来装饰，优化细节。

　　还有一种简单又好看的贴法。就是贴完照片/图片以后，在边角叠贴几条长短不一的手撕胶带。选用的胶带只要色调与照片搭配就好。此外，还可以插入百搭的金银色系胶带。这种方法特别简单，屡试不爽！

• 仓敷方眼套组、英文报纸套组、涂鸦套组等

　　这几款窄胶带延续了宽胶带随意涂鸦拼贴的风格。很适合撕着用！

· mt单色胶带

我非常推荐mt的单色胶带。这种胶带有很多色系，大家可以根据需要来选择。

这个品牌的胶带我个人更喜欢宽款。因为宽的也可以对半剪成短的来用呀！

我买了一套深色组和一套淡彩色组。单用、叠贴都很棒！也很适合在上面写字。

· mt金银色系胶带

我常用金银色系的波点、方格、斜条纹款胶带。

它本身的纹路并不十分扎眼，金银色又是百搭色。在叠贴的时候，可以和其他色系的胶带混合使用，增加亮点。

而且金银两色，无论是表现复古的风格还是表现明快的风格，都很适合！也属于买一卷可以到处用的高性价比款！

② 印章装饰法：不会画画，印章来凑

在手帐里加入一些非打印的线条和色彩，会让页面更有人情味儿。我总觉得这样会比纯拼贴的手帐更生动有趣一点，哪怕只是增加一些线条呢！

像我一直在说的，我其实不是很会画画，每次看到大家制作的很厉害的手绘手帐，都很羡慕。但是手绘技巧也不是一朝一夕就能提升上来的，在这种情况下，我会想方设法给自己的手帐加入一点手绘元素。

应该也有不少人会有和我差不多的情况，所以本节就给大家介绍一些小技巧。让不会画画的你，也可以通过印章轻松做出好看的手绘手帐！（我一直自称这种方法为"假装手绘法"）

对于印章品牌和用法的推荐，已经在前面的章节介绍过啦。所以这里就介绍一下具体怎么用印章创造手绘的感觉。

A.给图案印章填色

市面上大部分的印章，都是线稿型的图案印章。

如果喜欢这种黑白素描的感觉，也可以就保留这样的效果，不涂颜色。例如，Tim Holtz的草图系列印章，其实就特别适合不涂色。

如果是其他线稿型印章，推荐先用黑色或棕色来印，然后自己填色。相对于用彩色印泥印这种线条类的章，深色显得更有质感，也更适合后续的涂色。

由于涂色时会有笔触明暗的变化。所以涂完色的印章图，无论远看、近看，都像是手绘的！尤其是现在很多品牌的印章，其本身的图案就不是计算机绘制的那种规规矩矩的形状，而是根据设计者的手绘图做成的。

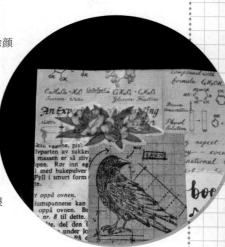

图：　Altenew的这套咖啡印章，本身就是故意打造了可爱手绘的感觉，加上水彩上色，特别有立体感！

关于填色工具，其实任何彩笔都可以！例如，彩色中性笔、彩铅、水彩等，大家可以按自己的喜好选择。

B.套色印章，打造多重色彩效果

　　如果觉得自己涂色也掌握得不太好，如颜色不够均匀或者不了解明暗关系，可以选择这种套印的印章。

　　文具圈比较追捧的套印印章应该是Altenew的套印系列，其实Sakuralala也有很多可爱的小套印，只不过没有Altenew的层数多。

图：　欧美的Altenew印章

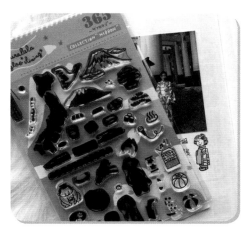

图：　Sakuralala的日本系列印章，女孩的和服、寿司等都可以套印，选择不同颜色，就可以有不同的效果，像换衣服游戏一样好玩！

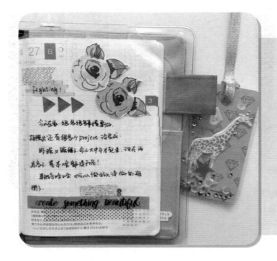

Altenew的花朵印章中我最喜欢这款玫瑰印章，因为它的层次不会那么多，而且很容易对准（这也是透明印章的一大优势。可以看清下面的情况，不容易印歪。而木头类的套印印章就麻烦多了）。

选择不同的配色会有不同的渐变效果！大家可以多多尝试！

套印有个缺点，就是需要多买一些各种颜色的印泥。

如果想印出上图中那种带渐变色的花朵，则需要多准备些同色系不同深浅的颜色，这样才会有更好的效果哦。

C.字母/单词印章，打造brush lettering的效果

虽然我很努力地在练习brush lettering（关于这个，之后的章节会详细介绍），但是我对自己写的英文还是不太满意。

但是，brush lettering又是特别好的一个手帐装饰元素。这时候，我们同样可以借助印章。（来，跟我说："印章，'手残党'的福音。"）

市面上的字母类印章分两种：一种是带单独的字母的，另一种是有各种现成的单词、短句的。

这两种印章都很实用，如何选择要看具体的需要。

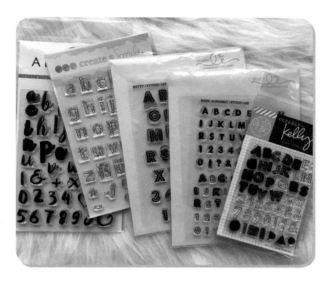

单独字母章

很多品牌都有自己的单独字母章。这些印章款式多样，有多种尺寸和字体可供选择。

我最推荐的是左图中左起第一套altenew的brush lettering印章。其他款式都是比较偏打印体的，而这款却手写感十足，印出来非常像亲手写的呢！

使用这款印章时有个小技巧，就是印一个完整的单词时可以将所有的字母印章连在一起，这样会更有感觉，很像连体英文哦。

单词章

套装的单词章也很实用，里面会有一些常用的祝福语或者谚语。而且通常一套单词章会包含很多种字体，用起来没有重复感，会有一种物超所值的感觉。

写手帐、做贺卡、包礼品的时候，印上一个这样的印章，会有一种特别专业的感觉！

单词章还有滚轮形式的，一个滚轮上有十几个小短句，通常每句的字体格式都不一样。这种印章上的字很小，装饰手帐很棒！

D.用印章印出手帐的背景

用印章给手帐页面整体印个背景出来，也是我常用的小妙招。淡淡的粉彩系，搭配欧美清新风的页面，米棕色系则可以搭配复古风页面。

制作背景可以使用现成的背景章,如我手头的几个Heidi Swapp的背景章就很实用!

背景章个头很大,需要搭配大的透明亚克力板使用。如果想印得均匀好看,可以试试反过来印。把印章翻过来放在桌面上,把纸覆盖上去,然后用手指轻轻刮过整个页面。这种方法更适合大印章。

当然,如果没有背景章,普通印章也完全可以。只要把不同的印章随机印在页面上就好!

这时候要注意,选用的色调最好统一,不要出现过多的颜色。印出的颜色也不要太深、太浓,不然背景太花会喧宾夺主,而且也不方便写字哦。

③手帐配色,就是这么简单

想把手帐页面做得好看,除了有好的素材以外,配色也是重中之重。

这就是为什么有的小伙伴会有疑惑——"素材都是一样的,为什么别人贴得更好看!"其关键就在排版和配色。排版的相关内容在之前的章节说过啦,这里就来说说配色。

其实装饰手帐页面在我看来和照相有点像。怎么布局,想把哪些物品囊括在里面,怎么配色会更和谐、更好看,这些都是类似的。就像同样的物品,有的人摆拍得就很好看,可能就是作者精心搭配了背景和物品间的联系和颜色。

　　虽然并不是说一个页面一定要颜色少或一定要用相近色系才会好看（很多颜色丰富的页面也很美）。但是要说好上手，不易出错，那确实一个页面的颜色种类不宜过多，搭配也要注意技巧。

　　配色前首先要确定这个页面要走什么风格。复古？可爱？清新？然后再根据这个搭配素材和颜色。

　　下面来说说我常用的几个配色小方法。

A.黑白+单一彩色法

　　我很推荐黑白+单一彩色法！因为其既简单又很有特色，而且真的不会出错！

　　选定了当天的颜色，感觉那天的手帐就自带了那种颜色所带来的"性格"，如明快可爱的黄色页面、清爽的蓝色页面、少女感十足的粉色页面等。

　　选择某一种颜色，作为当日的主题色。主题色选择比较鲜艳或者浓郁的颜色，会更可爱。相对来说，还是和黑白对比明显的颜色好看！

这种配色方法操作起来非常简单，就是除了主题色以外，其他内容全部保持黑白。

如果用到印章，也是用黑色印出框架就好，不需要填色（这种装饰法特别适合搭配印章使用）。

做完后，用当日的主题色来点缀背景：可以大面积地点缀，也可以小面积地点缀。然后再用主题色来装饰一下文字和素材，如用主题色的彩笔涂一部分文字或素材。

除了用主题色的彩笔做装饰，还可以考虑用主题色的纯色彩纸或者胶带做装饰哦！

于是，一个色彩明快、主题鲜明的页面就做好啦！

用这种方法制作出的页面绝对是你手帐本里特别的一页。如果你很喜欢这种风格，也可以尝试连续几天都用不同的主题色。想想最后把它们拍成图片，制作成由九种颜色组成的九宫格图片，肯定很好看呢！

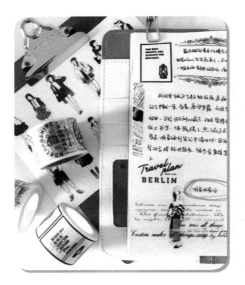

图： 做出黑白色手帐，也很特别哦

B.双色主色手帐法

如果说上面那种黑白+单一彩色的方法是严格的，那现在说的这种双色法就相对宽松得多。这种方法大多数情况下会选择两种颜色为主色，然后用其他颜色做修饰。

这样做出来的页面很和谐，很有规律，不会乱。

图： 图中印章分别是果壳商店物历小印 | 三只小熊以及物历小印 | 萌污文字

这两色要怎么选择呢?

如果先选素材(贴纸胶带等),那就在确定了素材后,从素材中选取两个颜色作为整体页面的主色。

这样做出来的页面素材和周围的氛围是和谐统一的。

图: 黄粉为主色,其他部分适当加入浅粉色

或者可以直接先确定页面的两个主色调,然后根据主色调来挑选贴纸胶带。这时候只要挑和主色调"氛围"接近的素材就可以。因为素材的颜色都是小范围的,所以只要调性一致,颜色多一些也没关系。

我比较喜欢使用后面的方法。常用且不会出错的颜色组合是:黄粉、紫粉、橘黄、蓝黑。

当然由此也可以自由发挥创造出"三色主色法"。

图: 先选定深粉和浅粉的贴纸,剩下的部分选了"百搭又不抢戏"的灰色、黑色

C.相近色系法

这个方法特别适用于复古风的页面装饰。

例如，想做一个有点做旧的复古风页面，那么就挑选白色、米色、卡其色、棕色等一系列的渐变色素材来叠加拼贴。这时候混贴在一起的各种胶带、贴纸、印章都会很和谐，自然形成一个整体。整个页面也会有暖暖的感觉。

D.点"金"法

像服装搭配一样，在手帐的配色里，其实金银两个颜色也很百搭。无论是欧美风还是复古风，加上金色，都有一种"提亮"的感觉！配什么，什么好看，就像仙女棒！

大家在购买素材的时候，可以多尝试有金色元素的素材。除了之前提过的金色系胶带以外，我还非常推荐"烫金"元素的各种贴纸！

欧美品牌出品的手帐素材，金色元素是永远的经典。并不难购买到，随便搜几个品牌，基本都出过有烫金元素的产品。

像这样的烫金贴纸，无论是在图案中加入金色的小细节，还是全烫金的英文字母，贴在手帐里都特别好看！

（4）给每天的日记加入自己的小画和有趣的英文

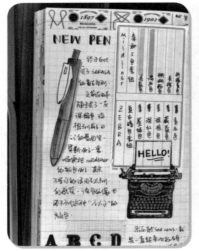 

图：我自己DIY的超薄便携水彩盘

虽然之前一直在说我特别不会画画和写brush lettering，但一直想多多练习。

一边练习画画，一边又做了手帐。所以，不管画得怎样，都大胆地在手帐上下笔吧！这样还顺便把自己进步的过程记录了下来，感觉很有意义呢！

扫码看视频
"DIY 超薄 40 色水彩盘"

① 从涂绘背景开始练习

涂绘背景可以很好地练习配色和笔法，帮助自己掌握画材的特性。我觉得是"找手感"的一个特别好的办法。

因为自己对水彩比较感兴趣，所以手帐里时不时会涂一些背景色块。让人想起儿时的胡乱涂鸦，特别解压。

我还准备了一个专门练习绘画的本子。闲暇的时候，听着音乐或者看着剧，一边随手乱涂一通。毕竟不是很具象的图案，而是很随性的图案，所以可以一心二用。时间长了，我对画材就会更敏感，下笔的时候也更有信心。

② 试着画个小画

如果你觉得全手绘手帐对自己难度太大，可以先试着在手帐的边边角角画些可爱的小图，剩下的还是交给拼贴就好啦。

刚开始时，我推荐大家从生活小物、美食开始，如新买的化妆品、今天吃到的美食等。

大家也可以买一些手绘书学习基本的技法，或者在网上搜索一些视频教程，这样会更加直观。临摹图案可以参考网上的手绘图或者对应照片来画！

绘画时先从最简单、最常用的开始画起，之后慢慢增加阴影和细节。不要一下子对自己要求太高，主要是享受过程，坚持就会有进步！

③加入英文，页面更丰富

加入英文字句有两种简单的方法。一种是直接贴手写系英文胶带、贴纸、印章，还有一种是在手帐里加入自己的手写字体。

英文胶带、贴纸、印章

英文胶带的款式很多，可以根据自己的需要选择喜欢的字体和样式。我个人比较喜欢段落型英文胶带。

大一些的字母胶带可以在拼贴时作为标题使用。而段落型胶带则可作为背景拼贴的一部分，或者用来填缝。

如果当作背景用，大家不需要过于纠结有没有截取完整的一段话，随意地拼贴就好！

手写字体（brush lettering）

如果手写的话，发挥空间更大一些。手写的内容可以根据当天发生的事来写，而字体颜色也可以很好地配合今日页面的整体配色。

手写时，字体也可以经常变化，而且不需要拘泥于什么形式，可以自己创造出很多有趣的字体。

在这里，我要特别介绍一下英文花体，其实这种字体是有很多不同变化的。我自己也还在练习中。

目前，我总结出的手写英文花体时要注意的两个基本点是：所有向上的笔画要轻写，向下的笔画要重写；每个字母间都要有一个连接点。连着写会比单个的字母好看，也更有整体感哦！

关于手写字体的练习方法如下。

A.从单个字母开始练起

要打好基础，可以从网上下载按照字母做成的字帖。先从描红开始练习，练多了自然就找到手感了。这时候再练习单词或者其他多变的形态。

B.多临摹

在微博、Instagram、Pinterest上搜索"brush lettering"关键词，便能搜索到很多达人发布的图。看到喜欢的样式，可以先保存起来，然后临摹着写。

手写英文除了最基本的写法，其实还可以有好多变化，比如给文字加阴影、渐变字体等。在掌握技巧以后，可以有很多新奇的设计。

除了上面我常用的字体以外，还可以创造属于自己的字体，或者将在网上看到的有趣字体拍下来，转化为自己的字体。

手写英文时需要使用的工具如下。

如果是写比较硬的笔画，我会直接用樱花勾线笔或者彩色中性笔。

如果是写毛笔英文，推荐黑色款：Pentel GFKP3科学毛笔和Zebra的秀丽笔。这些笔可以创造不同的粗细变化，好上手！

还可以直接用尖头的水彩毛笔，蘸取水彩颜料或者钢笔彩墨来写。这样的话，颜色的选择更多。

（5）超唯美的背景纸装饰法

① 背景纸是什么? 有哪些规格?

背景纸本一般包括几十页的背景纸, 背景纸有单面和双面两种, 比一般纸要厚不少, 算是薄纸板。但是单独做贺卡可能 "hold 不住", 需要单色卡纸配合。

背景纸的尺寸一般为6寸和12寸, 也有4寸和8寸的。我个人推荐6寸的。12寸的价格高, 且并不常用。还有单张的背景纸, 比较贵。

选择背景纸的材质时, 我推荐无酸纸, 这些产品上会标有acid free。因为无酸纸可以保持很多年不变黄。现在大品牌手帐用的基本都是无酸纸。也有特殊的烫金或者半透明硫酸纸背景纸, 但不常用。

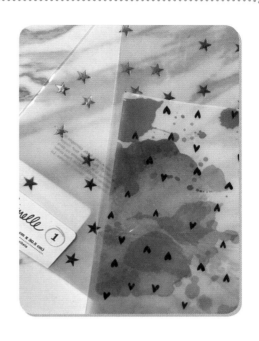

延伸阅读

关于背景纸的其他用途和品牌推荐, 可以在我的微博搜索 "背景纸干货" 进行延伸阅读哦。

② 用背景纸来装饰手帐吧!

这是我特别喜欢的一种比较 "偷懒" 的方法。偶尔贴的话, 不用担心会爆本 (由于贴入太多纸, 本子的厚度太大的现象) 太严重。

除了好拼贴以外, 这种方法还有个特别大的优点是可以盖住背面笔迹或者印章油墨透过来的痕迹。

我常用的背景纸装饰法有三种!

A.浅色背景纸打底法

先把背景纸裁成和页面一样大小,然后整页贴在本子上。再把这页背景纸当作手帐页面本身,继续进行常规的拼贴和书写。

背景纸可以选纯色、有暗纹或者有规则平铺图案的。

如果选择规则平铺图案类的背景纸,注意不要选择图案复杂细碎或者颜色很浓的,不然再在上面写字会非常乱。推荐大家选用一些简单的基础图形,如斜条纹、三角等,和比较淡的配色,如清新的单色系。

B.整页拼贴法

经常在懒得写字或者有很喜欢的素材时,我会选择整页完全不写字,只拼贴。整个过程,有点像作画又有点像小时候玩的纸拼画,很有意思。

大家可以试试这种玩法。依然是先用背景纸做整页的打底。这时可以选择浓烈一些的图案纸,因为后续不写字,所以图案和颜色的选择范围都更大一些。

还有一种特殊的方法,就是用有图案的硫酸纸代替背景纸!市面上有烫金硫酸纸或者有图案的彩色硫酸纸。将其裁下一块当背景纸来用,会有特别不一样的效果哦!半透明的硫酸纸质感本来就比较特别,配合烫金效果特别好。

C.部分装饰法

如果不习惯用背景纸把整页的手帐都覆盖起来，就可以试试部分装饰法。

其实就是将背景纸撕着用。

因为市面上好看的背景纸特别多，风格也很多选择，总有一款适合你。

可以把背景纸作为背景拼贴的一部分，撕下一块作为打底，然后搭配其他素材。因为背景纸和胶带比起来要小众，所以不会因为和大家都在用同款的"网红"胶带，而使你的页面和别人相同，这会给你的页面增加更多另类感！

图：斜着裁背景纸，做成这样更有冲击感和色彩感

还有一种方法就是把背景纸上的图案，如人物、花朵、信封等，单独剪下来，当作素材使用！

图： 页面上的装饰素材，都是从背景纸上剪下来的

（6）超好用的预切割板

　　预切割板的英文名字是"die-cut"，来自欧美。它是我非常喜欢的手帐素材，也是我手帐里的常客。我特别喜欢给大家介绍预切割板，因为好多朋友每次听到我提这个词，还是会好奇地问："这到底是什么？"

　　本节就好好介绍一下这个好用的手帐素材。

到底什么是预切割板

预切割板其实有点类似贴纸，是一些单独装饰的小图案，一般成套售卖。它是没有背胶的，材质也比贴纸厚很多，通常是薄纸板，但也有些特殊材质的，如硫酸纸的、透明PVC的。

预切割板的风格也是欧美风和复古风都有！复古风的话，我推荐Tim Holtz设计的款式哦！

可以说，我对预切割板的喜爱是远超过贴纸的。具体原因有以下几点。

• 有厚度，无论贴手帐还是做贺卡、手工，都可以让成品更有立体感、层次感。

• 厚度又不会对手帐造成负担，并不会很轻易地爆本。

• 图案、主题丰富，有很多半透明的小图案，非常好看！还有很多有烫金效果的款式，欧美风十足。

• 每个图案的尺寸通常比贴纸要大，只要选一个好看的贴在手帐上，再在其周围进行简单装饰，就可以达到不错的效果。

• 除了贴手帐，预切割板还可以制作摇摇卡，装饰相册，总之用处太多啦！

在哪里买预切割板

利用我在第六章将会介绍的英文词汇，可以按品牌或者设计师搜索预切割板。后面只需要加上"die-cut"这个关键词就可以啦。

购买途径也很多，海淘或者代购都行。

预切割可以用来干什么

因为预切割的薄纸板的材质，本身比较硬挺，所以用处非常多！可以在很多的DIY里用到它呢！

① 装饰手帐

用预切割板装饰手帐其实非常简单，因为它基本上和贴纸是一样的（大多数图案比贴纸稍大，这是它的一个小优点）。你只需要选一个好看的预切割板图案，往页面上一贴，然后围绕着这个预切割来做简单的装饰就好啦。

② 做活页本分隔页

如果你觉得平时用的活页本分隔页太单调了，可以试试用预切割板来让它变得更丰富哦！

方法很简单，只需要将预切割板当作贴纸一样叠贴在现有的分隔页上就可以啦。也可以做成下图所示的特别一点的"摇摇分隔页"。

③ 做书签、小吊牌

预切割板本身的硬度和厚度都很适合做书签。

可以在上面直接打孔，穿上丝带做成简单好看的书签。很多异形的预切割板，如车票、打字机等，做成书签都特别好看。

还可以配合透明相册袋和封口工具做成摇摇卡书签。关于这个我拍过相关视频，可以参考一下！

扫码看视频　　　　　　扫码看视频　　　　　　扫码看视频
"亮闪闪摇摇书签 DIY"　"1 分钟徒手做摇摇卡！"　"特别款摇摇卡分隔页"

我特别推荐用透明PVC的预切割板小素材做书签，半透明的质感加上亮片，像小珠宝盒一样，非常好看，特别适合送给朋友。在制作书签的时候，还可以在预切割板上贴一些贴纸、水钻等素材，进一步装饰。

同理，做出来的素材，还可以当成小吊牌，绑在礼物上。这会让礼物的包装尽显气质！

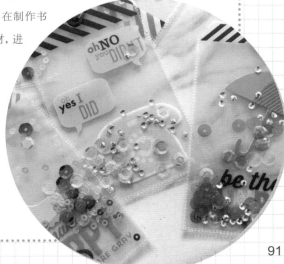

④ 做贺卡

用预切割板装饰贺卡真的是几秒成一张，特别适合不太擅长手工、没有很多时间或要批量制作贺卡的人。

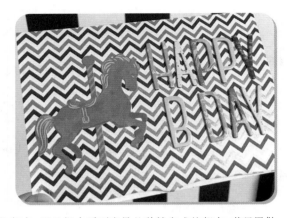

预切割板本身的图案已经非常丰富，而且一套里的图案也都是可以搭配在一起的。所以只要选一两个预切割板素材，再选一张颜色和谐的卡纸，把两者贴在一起就好啦！不信你可以亲手试试哦！很容易做出让人惊艳的贺卡，而且根本看不出是几秒就完成的贺卡。节日里做一批送给朋友，也是很暖心的。

⑤ 装饰相册

装饰相册和装饰手帐的原理差不多。把预切割板当作贴纸用就行。区别是，相册的页面空间更大，比手帐更适合用来装饰。

我平时用的相册有三种：Project Life相册、白卡纸相册、自制背景纸相册。

这里就不展开说啦。拍过很多相关的视频，大家可以参考一下哦。

扫码看视频　　　　　　扫码看视频　　　　　　扫码看视频
"和我一起装饰手帐相册（1）"　"和我一起装饰手帐相册（2）"　"和我一起装饰手帐相册（3）"

手帐er有个特别大的特点，就是爱收集票据。不知道你们会不会这样，自从开始写手帐，出去玩看到海报、宣传册、名片、电影票之类的，我都想拿回来贴在手帐里！

很多小票（如购物小票），虽然随着时间流逝，上面字迹会慢慢消逝，但还是忍不住想它们收集起来，贴在手帐里。有时候觉得只有这样，才能完整记录下当天的生活。

我的朋友们已经足够了解我，每次一起出去玩，看到好看的票据，都主动帮我拿几张，塞给我说："呐，拿去贴手帐。"

我有一个好看的盒子，专门用来装四处收集来的票据。当天的票据，我会尽量贴在当天的日记里。

然后问题来了。票据怎么融入手帐才更和谐，更好看呢？尤其很多景点门票其实不太好看，和整体的手帐风格也不搭，怎么做才能美化这些票据，让它们美美地出现在自己的手帐里呢？

下面就来说说我常用的三个办法！

① 周边装饰法

如果你要贴的票据本身比较"素"（如电影票、购物小票），可以贴完票据之后，在票据上或票据周围做些文章。因为只是直接贴上的话，可能还是有点单调或者突兀。

我们可以在票据上用彩笔写一些文字或印印章。还可以用贴纸在票据上或票据和本子页面的交界处贴些装饰。这样可以将票据和本子很好地融合在一起，增加整体感。

　　我特别喜欢用的一款胶带是mt的夹子式胶带。单独把夹子剪下来贴在票据上，做出用夹子夹纸的效果，非常好看哦！同理，mt还有很多款可以这么用的胶带，比如别针款、火漆印章款等。

② 折叠装饰法

如果票据本身并不好看，或者太大、太长了。我们可以选择折叠装饰法。

把票据对折就看不到里面的内容了，但是打开依旧完整保存了票据。这种方法我喜欢配合好看的相册卡来装饰。我常用的是Project Life品牌的相册日志卡。当然还可以将背景纸本裁成卡的大小来代替。

这种方法很简单，只需要把比较大张的日志卡对折（我通常会选择4英寸×6英寸的日志卡），然后把票据贴在卡里就好啦！贴在手帐里的卡片，像一本翻开的小书，不太好看的票据统统藏在里面！页面整体的风格完全由你选择的卡图案决定，是不是很棒！卡的表面也可以再用胶带贴纸进行小范围拼贴装饰。

这样还有个好处，就是因为卡是双面图案的，所以里面也非常好看。贴完票据后，卡的内部会有一些空白位置，你可以简单写写心情哦。

 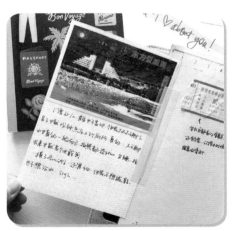

③ 信封装饰法

除了把票据藏在卡里，还可以把票据藏在信封里哦。

通常我比较喜欢叠一个开放式的信封，把飞机票露一半放进去，看上去很有感觉呢。

你也可以叠一个封闭的信封，把小票据叠好放进去。这特别适合一下想收纳好多张票据的情况。之后再好好把信封装饰一下就好啦。

　　信封的叠法很多，都很简单。大家可以直接在网上搜索，或者用现成的信封。至于信封的材质，我比较喜欢用各式各样的图案包装纸、牛皮纸或硫酸纸。总之不要选择太厚、太硬的纸，这样才不容易爆本。

　　用硫酸纸做出的半透明信封尤为惊艳，还可以配合凸粉，在硫酸纸上做烫金的装饰哦！这样独一无二的信封就做好啦！

3. 旅行手帐：我用一本手帐，保存一段旅行

（1）给你看看我的旅行手帐吧！

旅行手帐一直是我手帐系统里的重要组成部分。我钟爱旅行，每年都会出去几次，而手帐就是我保存旅行回忆的最好方式！每次旅行回来我都非常有仪式感又充满期待地做旅行手帐。先把手机里最喜欢的照片打印出来，把收集到的各种素材（海报、票据等）放在一个盒子里备用。然后一边翻看所有的照片，一边按顺序和日期整理手帐。

我发现按照手机／相机里的照片来整理旅行手帐是最方便的！因为照片都是按时间顺序排列的，所以从前往后看，就会把整个旅行过程串起来。而且旅行中会拍很多有趣的小细节，如路边的小雕塑、好玩的路牌、每顿的餐饮等，这样看一遍照片，再整理一遍手帐，真的好似又去玩了一遍呢！

我的旅行手帐本一直用的是ＴＮ旅行者笔记本（标准版）。外皮就是Ｍｉｄｏｒｉ的棕色款，内页用过Ｍｉｄｏｒｉ、Ｋｅｅｐ Ａ Ｎｏｔｅｂｏｏｋ和Ｗｅｂｓｔｅｒ's Ｐａｇｅｓ的。这几个品牌的内页尺寸都是一样大的，内页的款式有很多选择。我比较爱用空白款、方格款和横线款。

我喜欢TN的理由应该和大部分小伙伴一样，就是它本身很有旅行者的感觉。尤其是Midori的牛皮款，特别有放浪不羁的态度和味道，而且使用得越多，外皮会越有自己的风味。划痕也是它很好的修饰，特别有感觉，所以旅行带出去完全可以随处放，不用太爱惜它啦。而且TN的内芯都很薄，旅行时可以多带几本内芯。

我平时使用旅行手帐的习惯是，旅行前会先在一个专门的内芯本子里做攻略，要带的东西和礼物清单等都会一并记上去（这个在之后的章节会详细介绍）。除了这本攻略本，还会带一本用来写旅行日记的本子以及一个透明收纳袋，收纳袋里放一些基本的胶带"分装"、便利贴等。

在旅行中，我有时候会随身背着本子（配外皮），然后将本子放在不同的地标建筑上，给本子照"证件照"，象征着它陪我走过千山万水。不过大多数时候，我只会背着两本内芯出门，这样轻便很多。携带写攻略的内芯，自然是为了随时查看攻略和各种清单。尤其是在购物时很有用，如自己要买的各种化妆品，还有给朋友带的礼物清单，买完后一个个划掉！随身携带另一本日记内芯主要是为了印印章！例如，在日本的时候，各种景点和地铁站都有好看的印章，这时候没带本子就会很遗憾啦！

我并不会在旅行的途中随时写旅行日记，都是回家以后再打印照片、整理海报、写日记。这完全是个人习惯！如果你喜欢边玩边写，或者在某个好看的建筑旁来个速写，或者在咖啡馆歇脚的时候记录心情，也是完全可以的！

关于本子的使用，我通常是将同一年的旅行故事写在一本上，不会一本只写一次旅行。因为那样页面会空很多，有点浪费。

旅行手帐的风格，会和我平时写的日记有些不同。因为旅行时会拍很多好看的旅行照片，我不想让它们只躺在计算机里，所以会把最喜欢的都打印出来（具体也会在以后的章节介绍）。所以旅行手帐是围绕照片来记的。装饰也会更注重照片和海报的部分，围绕着它们的主题和内容来装饰。

至于排版和装饰的风格，我会根据目的地和收集到的素材来决定。例如，如果目的地是欧美地区，我就将旅行手帐装饰得轻快鲜艳一些，如果是去日本，就会"和风"重一些。

图： 风格完全不同的旅行手帐

（2）用手帐，行程规划变得这么简单

旅行手帐除了记旅行日记以外，在规划行程、列清单时也起了重要的作用！

我是一个出去旅游会提前做攻略的人，如果随性地出去玩，可能会把我逼疯。所以每次旅行，我都会提前半个月做一些与旅行地相关的功课。写行程规划时我不做装饰，只是记重点信息。有时候会搭配一些便利贴。

行前的旅行手帐我都写些什么?

- 具体到每天的大致行程规划
- 酒店规划及相关信息
- 餐厅、小店推荐及地址、营业时间

- 打包清单
- 购物清单
- 帮人带东西的清单
- 给朋友的礼物清单

下面就来详细介绍下我是怎么在手帐上做行程规划的。

每日行程&餐厅信息

以前做攻略时我喜欢在网上搜索很多帖子,然后找到自己感兴趣的地点,简单记下这个地点:叫什么、在哪里、门票信息及注意事项等。看得比较细,但不会全部记在本上。本子上只写关键词和重点信息,这样便于之后查阅。

我最近倾向每去一个地方,都先买好当地的人文地理类图书,对我这个懒人来说,这样要方便很多。因为里面有当地的地图,还有好多美食介绍,很系统。读的时候我会一边画重点,一边把关键部分转移到手帐上。

在记好要玩哪些地方以后,我会根据地理位置安排每日的行程,离得近的地方尽量放在一天。这时候我会换一页新的手帐页面,在手帐上写上每天的日期,然后在当天的页面上记上要去的地点名称就好啦!

酒店规划

在订好每日的酒店后，我会把每日对应的酒店名写在当天的日期后。然后再翻开新的一页手帐，专门记酒店的详细信息，如酒店全名、乘车路线、联系电话等。这些信息很重要，可以帮助你在到达目的地之后，快速找到酒店，不耽误太多时间。

我还会打印出一份更详细的酒店信息，夹在手帐里。

打包清单

我觉得打包清单非常有用。旅行要带的东西很杂、很碎，不写下来的话，特别容易落下小物件。

通常，旅行时要带的东西是差不多的，所以我会列一个大清单，每次旅游前打包，都查看同一个清单，特别省事！

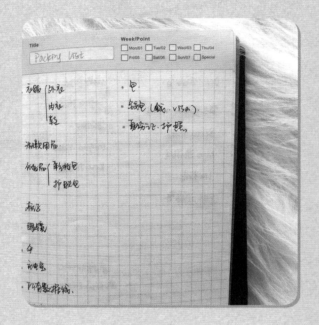

购物清单

出去玩的时候我总会购物。所以在做攻略的时候我会根据大家的推荐，记一些当地特色纪念品或食品的名字，这样到了目的地之后就可以快速购买到心仪的物品了。

购物清单还有一个我最常用的地方，就是去免税店买化妆品。这个就要和之后提到的清单手帐结合啦。清单手帐中我会在日常随手记下在各个地方看到的化妆品信息。出国旅行是购买化妆品的最好时机，这时我会从清单手帐中挑一些准备这次购买的化妆品，写在购物清单上。

到了免税店，只需要拿着清单一个个买下来就好了，特别省时间。

帮人带的物品清单

出去旅游，经常会受人之托，帮忙带东西。尤其是闺蜜们，经常会直接列一个小清单给我，如果不提前整理出来，买的时候特别容易忙中出错！

所以我会按人名+清单列表的格式，记下每个人托我带的东西。在买好东西以后，我会在物品名称前打钩，并在后面记下购买的价格。购物小票也会随手夹在这页手帐里。这样，什么买了、什么没买到、每样东西多少钱，都会一目了然。

小技巧：可以在这页清单的右边贴一个自制的信封口袋，用来专门装小票。这样左边清单，右边小票，特别顺手哦！

给朋友的礼物清单

在出游之前我也会列一个礼物清单。这样方便在大批购买纪念品的时候计算数量，不会出现回来发现礼物买少了的情况。

写礼物清单时，直接把准备送礼物的小伙伴的名字写下来就可以啦。比较亲密的好友我会写在前面，可能会送更多的礼物。

（3）我带这些文具去旅游：旅行手帐装备大公开

其实我在旅行中不会带太多东西。因为很少在旅行途中写手帐，所以只带一些"以备不时之需"的用品！

当然，如果你想随手画画之类的，可以带一个专门的手帐包。很多品牌都生产过那种类似化妆包的大手帐包，本子、画具、小素材都可以放进去！或者直接购买好看的化妆包也可以！

我的旅行手帐装备

手帐本

TN（标准版）Midori棕色本皮+自制水彩盘内芯+攻略本+全新本+透明收纳袋（基础款胶带分装、备用相纸一包、基本款贴纸若干）。

其他装备

LG口袋相机+Muji小剪刀+Zebra Prefill多色笔+吴竹自来水笔一支+小塑料袋若干。

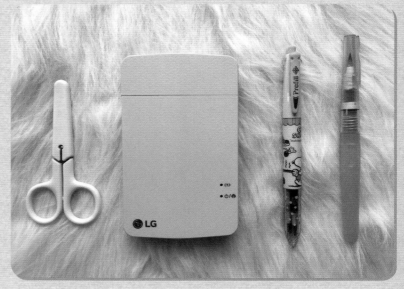

下面来具体说说各部分的用法。

手帐本部分

本皮不再说啦，我觉得TN特别适合旅行的品位，也不那么娇气，可以随便放、随便扔。而且本身本子的皮不是很厚，整体还是很轻薄的。

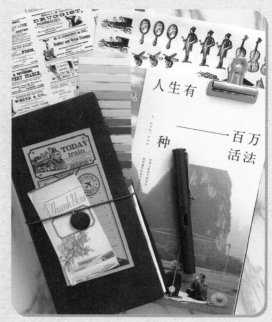

随身水彩盘是我自己用Peerless Watercolor的40色水彩片DIY的，跟纸一样薄，颜色鲜艳，而且可以用很久，太适合放进旅行手帐本里随身携带了。中间我还加了两片很薄的透明PVC片，这样既可以阻隔两边的颜色，防止混色，又可以充当临时调色盘哦！大家可以直接在上面调色，用完用纸巾一擦就干净了。

旅行中我其实很少画画，但还是愿意带上这个超薄水彩盘，万一突然有了创作的欲望，也可以随手画画。

攻略本就是上节讲到的那本，我会在旅行前列各种清单，记一些攻略。本子的格式一般随心情而定，但用横线本的时候比较多。

我一般会带空白内页或者方格内页的全新本。之前说过了，完整的旅行手帐我会回家再写。之所以带上这本，主要是为了一路收集印章和有趣的小物。其他内容回来后再补齐。

透明收纳袋里我会放基础款胶带分装、备用相纸一包、基本款贴纸若干。其实胶带和贴纸也比较少用，还是那个原因：我很少在旅行中写手帐。精力不够，而且我更习惯回来以后利用家里丰富的手帐素材好好装饰一番。

带基础款的胶带贴纸是为了应急突发情况。万一突然想写什么，想贴什么呢。而且基础款也更百搭，不会和之后的装饰风格有什么冲突。

备用相纸是配合LG口袋相机使用的，如果不带口袋相机的时候，这步也就省了。

其他装备

我不是每次旅行都带LG口袋相机，通常是和朋友一块出去时才带。如果拍了特别喜欢的合影，可以当场打出来，一人一张。但是大部分照片，我还是会拿回家统一用家用打印机打印。

一是因为LG口袋相机打出来的照片有偏色的问题，清晰度也不是特别好。所以更适合拍一些小自拍放在钱包或者手帐里。

二是因为口袋相机的相纸比较贵，成本高，几十张照片全都用相纸打印不太现实。

不过口袋相机也有以下的优势。

• 可通过蓝牙连接手机打印，非常方便。

• 打印前可以修照片，增加边框等小装饰。

• 机器体积很小，自重很轻，比一般的充电宝要轻不少。

• 相纸有带背胶和无背胶两种。

我一直用的Muji小剪刀是白色带保护套款，这款剪刀比较安全也不那么占空间。旅行时如果有一些需要剪的素材，随身带个剪刀就很方便了。此外，还可以剪个线头或者包装之类的，十分有用。除了Muji这款剪刀，KOKUYO和PLUS出的笔型剪刀也很不错，收起来的时候，和一根笔的大小一样。

要注意的一点是，剪刀是不能带上飞机的。打包的时候记得装在托运的箱子里哦。

笔的话我只带一根多色笔。我很推荐Uni和Zebra的多色笔，可以自己选择内芯，而且还分圆珠笔、中性笔和铅笔。还有Uni的Jetstream多色圆珠笔也很棒，非常顺滑好用！就算不写手帐，勾选清单时，笔也是必不可少的！

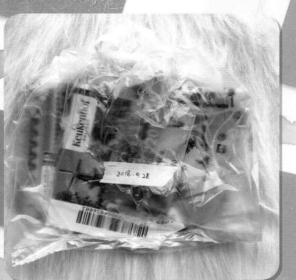

水彩毛笔的话，我一般会带一根吴竹的自来水笔。主要是配合水彩盘使用。因为它本身已经有储水功能，所以不需要额外的涮笔筒。换色或清理也很方便，只需要多挤出一点水，用纸巾擦一下笔头就好啦！

小塑料袋是很常用的一样东西！其实也可以用信封代替。

小塑料袋的作用主要是收纳每天收集来的各种海报和票据。这些都是装饰旅行手帐的好帮手，一定要统统收集起来。出去玩的时候，我真的很爱收集这些物品，除了可以贴在手帐上，还很有助于回忆旅行哦！

很多海报、名片等纸质品都很有设计感。如果是出国游，很多纸质品会特别有异国风情哦！不收集下来太可惜啦！

我带多个塑料袋的目的是把这些纸品按日期收集起来，同一天的放进同一个袋子。然后撕一截纸胶带，写上日期，贴在袋子上。这样回家以后，整理起来就一目了然啦！只需要看着当天的照片，拿出当天的纸质品收集袋，就可以一边回忆一边写出当天的旅行手帐了！

这一点特别重要哦！想想看，将旅行时收集下来的纸质品都放在一个袋子里会多么恐怖。想找的找不到，很多也已经分不清是哪天的了，整理起来工作量会很大！所以事前就把同一天的收集在一起，特别能帮你提高效率！

基本上这些就是我旅行中的手帐装备啦！不会带很多！旅行的过程中我还是专心地享受。

① 有照片的旅行，才更好回忆！

旅行手帐里，照片是特别重要的元素。通常在日记里我很少贴照片，但在旅行手帐里，我会大量使用照片进行装饰和拼贴。

怎么打印照片？

A.在哪打印？

打印照片可以使用家用打印机，方便快速。如果家里没有打印机，可以在附近的打印店打印或在网上找一些线上打印店，也是非常方便的！

我平时习惯自己在家打印。我使用的打印机是Canon mg7780，非常方便。偶尔我会用LG的口袋相机，在旅行过程中随手打一些照片。

B.怎么打？

如果照片少，我会选择5寸相纸来打印。像旅行手帐，通常一次性会打印几十张照片，这样我就会用A4大小的光面相纸来打印。打印照片还是推荐用相纸哦！虽然会有点厚，但是照片成品无论色彩还是画质都要比普通打印纸好太多了。

因为照片会贴在手帐里，所以我倾向打印各种尺寸的照片。这样排版看起来也更有多样性。

打印方法如下，也非常简单。

• 把想打印的照片一起导入一个Word文档。

• 页边距调整为"窄"，这样可以多容纳一些照片。再将纸张大小调整为A4。如果照片少就用小相纸打印，并将尺寸调整为10cm×15cm（这个尺寸和5寸相纸尺寸不完全一致，不过不影响打印，所以我都选择这个尺寸）。

• 单独调整每张照片的尺寸。

用鼠标右键单击照片，选择"设置图片格式"，调整单张照片尺寸。

具体尺寸可以根据你使用的手帐本大小来决定。我比较喜欢打印宽度分别为9cm、7cm、5cm和4cm的照片。尺寸较大的照片可以单独贴在一页上，制造简约又好看的效果。而打印食物之类的照片，就可以选择打印几张小的，排列在手帐页面上。

在Word中选择打印-属性。在打印设置里，选择"照片打印"，调整页面大小为A4（这个一定要和之前设置的页面大小一致），再调整打印纸张为"高级光面纸"。把打印出来的照片剪下来就好啦。

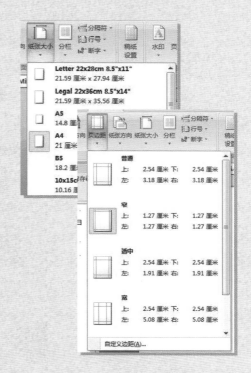

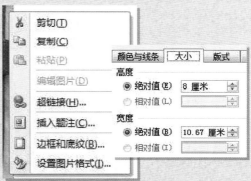

超好看的照片装饰法

除了正常拼贴照片以外，这里再给大家推荐三种我非常喜欢用的照片装饰法。

A.配合卡片装饰照片

就像本书第三章介绍的"日常票据收纳法"一样，其实照片也可以这么装饰。用好看的背景纸对折，把照片贴在里面。做成页面中一个可以开合的小页面。旁边可以写上当时的心情。

B.在照片上贴贴纸！

可以直接在照片上做文章，贴上烫金的字母贴纸或其他和照片主题相符的装饰性贴纸，都很可爱。

例如，寿司主题的照片，在照片边角装饰上寿司贴纸。真实的照片和卡通的贴纸混合在一起，效果很好。

C.直接用印章装饰照片！

这个办法就是直接把印章印在照片上。这里不需要特殊印泥，普通印泥就行，只要水分不太大就可以。印上以后，图案也不会被蹭掉哦！大家可以放心使用。

在这里我推荐大家使用字母或者短句类印章。在照片上直接印上地名或者当时的心情，效果超赞！

除了在浅色照片上印深色印泥以外，大家还可以尝试将白色或浅粉色印泥，印在黑色底的照片上，会更特别哦！

图： 我在这张去迪士尼旅行时拍的照片上印上了我的心情，感觉很棒呢！

111

② 收集海报纸品，这些手边素材都要好好利用！

就像在日记里加入随手收集的生活小物，会让手帐特别有生活气息一样。旅行中超棒的一个既可帮助回忆又可用来装饰手帐的小物就是海报啦！

之前的章节已经说过，旅行时我会带很多小袋子，按日期来收集拿到的海报、名片等。下面来具体说说我都会在旅行中收集哪些素材，还有它们怎么用会更加好看！

旅行中都可以收集哪些有意思的纸质品

这里给大家提供一些灵感，让大家养成随手收集的好习惯。其实有非常多有趣的东西可以贴在手帐里，尤其旅行时你会处在一个新的环境里，很多纸质品也会特别有异域风情。

A.各种宣传海报

这类海报设计得都很精美，有时候是一大张，有时候是一本册子，里面可用的素材非常多。一般景点、地铁站会有很多这样的海报免费发放，大家可以多留意一下哦。

B.各种门票、交通票

门票是我特别喜欢的旅游纪念品。很多经典的门票都是精心设计过的，非常美观。而且在写到某个地方的时候，贴上门票真的很应景呢！

往返的交通票也是我必会放进旅行手帐里的。清楚地标示着时间地点的交通票，感觉是对我这次旅行的总结和见证！

C.地图

地图在旅行时可以为我指引方向，旅行完就可以收进旅行手帐中啦！尤其是很多地方销售手绘地图，非常可爱又有特色，地图上还会有一些经典地标的缩略图，剪下来用也很方便哦！

D.店家名片

有特色的咖啡馆、精品店一般都会在入口处放置名片，大家可以在离开时取走一张作为纪念。感觉手帐控都有这种随手收集名片的习惯吧。

E.食品包装纸、商品标签

平时出去玩，我特别喜欢品尝当地食物。除了去各种饭店吃以外，其实在便利店也会寻到很多宝哦！爱吃零食的我会去当地超市买些零食尝尝看，很多零食的包装也很漂亮，如糖纸、茶包等。

除了食物之外，买回的纪念品附带的标签也可以留起来呢。很多特色小店仅此一家，标签也是精心设计的，特别有保存价值哦。

F.包装袋

我还特别喜欢收集购物的小纸袋。可能是放冰箱贴、明信片的纸袋或包装食物的纸袋（只要不太油就可以），这些纸袋可以直接当作小信封贴在旅行手帐里，再一次用作收纳工具哦，实用又好看。也可以剪下纸袋上的图案Logo来贴手帐。

G.购物小票、纸巾

吃完饭或购买完商品的小票不要丢，除了部分可以在退税时使用以外，还可以用来贴手帐。完美重现当时买了什么或吃了什么。旁边再附张商品或美食的照片就更好啦。

说到收集纸巾你们可不要笑。我真的偶尔会收集干净的纸巾。不过这种情况比较少，通常我收集纸巾是因为纸巾很有特色或我随手在纸巾上写了当时的心情。

收集的纸质品怎么用才好看

A.直接贴

直接贴是最简单、最省事的方法，而且非常好看！很多经典的导览册子是折成风琴状的，直接贴在手帐上，可以完整保留信息，一拉开就可以看到全部。这种方法还可以给手帐增加立体感哦！很多册子设计精美，配色十分好看。很多时候，贴上册子的页面，只需要在旁边配上些文字就很好看啦！

还有一件有意思的事，就是很多册子都是长条形的，大小形状都和TN旅行手帐非常契合！不，是完美契合！不知道这是不是最初的TN设计者的小构思呢。

此外，地图也很适合直接贴，这样可以保存一整张完整地图。大家可以将地图贴在手帐的最前面几页，然后标出本次旅行的一些目的地，这样是不是特别有趣呢！

B.做背景

如果你觉得海报之类的太大了，可以随意撕下一部分，当作页面的背景来装饰。有了当地氛围浓厚的背景，只需要再简单贴一些照片和装饰品，就特别有感觉！

C.剪下小素材当贴纸

如果不想整张贴，大家可以在纸质品里挑选一些可爱的图案或景点建筑，直接当贴纸一样，贴在手帐里。尤其是景点图，贴上以后特别应景！景点介绍和心情就直接写在旁边吧！

D.折信封、收纳袋

大的海报可以折成信封、收纳袋，贴在手帐页面中，不但好看，还有收纳功能。多余的小纸质品都可以塞在里面，或直接用收集到的纸袋来贴也很棒哦！

E.收纳在信封里

有了上面说的信封，很多卡片类的小东西都可以一并放进去。一个信封可以放很多张，特别省空间。像飞机票这种很长的票据，我也喜欢放在收纳袋里，还可以随时抽出来。

F.票据收纳

收纳门票等票据还有一个很好的方法。这种方法我在前面《日常票据这么收纳超好看》章节里已经详细介绍过啦！大家可以直接参考！

关于旅行手帐的制作过程，我也拍过一些视频，大家可以参考一下。

扫码看视频

扫码看视频

扫码看视频

"巴厘岛旅行手帐 TN 装饰（上）" "巴厘岛旅行手帐 TN 装饰（中）" "巴厘岛旅行手帐 TN 装饰（下）"

③ 根据目的地，使用不同的装饰元素

根据目的地来调整旅行手帐的装饰风格，可以让每本旅行手帐的风格都保持区别。大家刚好也可以利用写旅行手帐的机会，多尝试平时日记里比较少触碰的风格。

其实让旅行手帐带有当地特色，最简单的方法就是贴当地收集到的素材。每个城市当地的海报、明信片等风格都是完全不同的，最能代表当地的特色。一些旅行胜地的宣传纸品上还会出现很多特色物品。

这类素材的拼贴方法在上一节已经介绍过啦。这一节再来说说还有什么好方法可以把手帐装饰出当地风格。

A.在当地购买文具

大家去旅行都会忍不住购物吧！尤其是文具控，怎么能不买点文具回来？我特别喜欢在做攻略的时候，查找关于特色文具店或杂货店的信息。

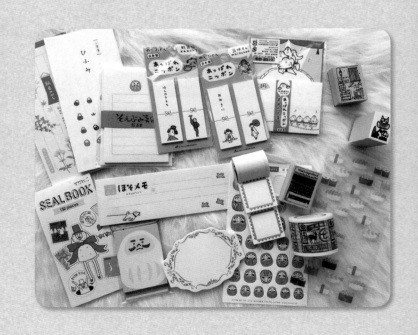

例如，去日本旅行我买了很多和风贴纸、便利贴、印章还有非常有特色的一笔签。这些物品很多都是以极具日本特色的图案来设计的。买来做纪念品送朋友也很棒啊！这些文具小物买来以后都可以在旅行手帐中派上用场，绝对会让你的手帐充满当地画风！

B.使用有当地元素的文具

这种方法和上一种方法类似，又不太一样。举例来说，比如在写去日本的旅行手帐时，我定位的是走和风路线。所以在去之前其实就收集了很多这类小物：仓敷的便签、日系印章，还有带有地标建筑的胶带。比如mt、Aimez Le Style都有很多城市主题的胶带。在写旅行手帐之前，我喜欢把我能想到的，我所拥有的这类风格的文具都拿出来。把素材都摆在眼前，使用起来才更顺手。

在去日本之前，我还特意购买了Sakuralala的一款印章。这个品牌，在前面的章节已经推荐过啦！这次特意购买的是旅行系列，刚好有一套是日本风格的，带有各种特色小物。写旅行手帐再适合不过啦！

如果写欧美风的手帐，比如去海岛旅行，我会特意贴一些棕榈树、火烈鸟、菠萝之类度假风的装饰品。在颜色的使用上也会更加轻快多彩一些。还会大量运用金色贴纸，这样设计出来的手帐就会足够欧美风哦！

C.使用有当地特色的色系

其实很多国家的城市，都是有标志性配色的。大面积地渲染背景或多使用这类配色的胶带、装饰品，就可以让手帐特别有当地味道哦！

4. 效率手册：一本搞定更有效率的生活

（1）我的时间管理系统

效率手册（日程本）真是我生活中必不可少的伙伴。虽然会因为不同的目的，同时写很多本手帐，但要说翻开次数最多，我最依赖的手帐本，必然是我的日程本了！每天翻开几十次，查看、记录信息，不在手边就会浑身不舒服，真的叫它伴侣都不为过。

①为什么日程本这么重要

我一直觉得目标只有落实到笔头上，再落实到行动上，才有实现的一天。

这里不灌"手帐可以实现人生理想"的"鸡汤"，因为手帐只是个工具，实现理想靠的是我们自己的行动和坚持。我觉得正确的逻辑是借助手帐这个工具，让你可以克服懒惰，让生活更有条理，让目标更清晰，从而更容易让我们实现人生理想。

119

记日程还有克服焦虑的作用。我们在工作或学习过程中遇到大项目、大挑战的时候，往往会觉得手足无措，大脑一片混乱。其实仔细想想，很多时候，恐惧和焦虑来源于未知。就是因为我们不知道这个大挑战要做哪些事，所以我们才觉得这件事就像一个要把自己吸进去的黑洞。如果我们把这件事进行分析，把大事化成无数个很具体，并且单拿出来看都没那么困难的小事。那我们的焦虑是不是也化解了一大半？遇到大挑战，先给自己画个思维导图，理清思路，把大事分配细化到每天的小事，也就没那么困难了。因此，我们都需要一个日程本。

② 我的日程本演变史

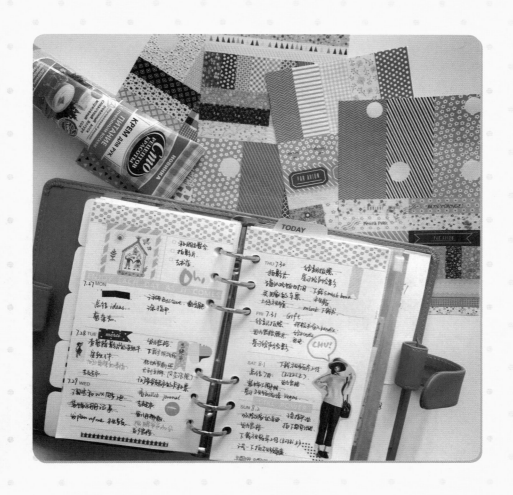

　　我从大学开始养成在本子上记日程、写待办事项清单的习惯，各种品牌、各种规格的本子及各种记录方式都尝试过了。

　　我最早使用各类型的定页日程本比较多，每年一本。每年十月左右是我最激动的时候，因为那时候各个品牌都开始售卖第二年的新本子了。定页日程本有个好处是，不用费太多脑筋，各个部分的格子都已经设计好了，只需要挑一个适合自己的使用就好。而且封面和内页的样式非常丰富，可以一年换一种，喜欢的牌子都试试看。

　　但是定页日程本的缺点也比较明显，内页都已设计好，各个品牌用下来，每一个都会有一些细节不符合自己的使用习惯。空白/横线页不够多这一点就一直困扰着我。因为我出门只带这一个本子，所以临时有一些想法，或者一些计划想事先列一下提纲，都需要记在这个本子上。但定页日程本一般内容都是以月计划、周计划为主，note页通常只有象征性的几页，完全不够用。所以，为了扩展写笔记的空间，我的日程本经常会出现贴满了大张便利贴的现象，我的本子就会越来越厚。而且毕竟便利贴是可撕的，所以总是担心本子在外面的时候，便利贴会不小心掉出来。

于是，我的日程本就渐渐由定页转向活页了。除了工作笔记还会使用定页以外，我的生活笔记更倾向于使用活页本，它高度定制化的内页，非常适合我！而且活页本的外皮大多数是皮质的，相对于定页的塑胶或纸质外皮，感觉更成熟一些。

我尝试过很多不同尺寸和内页格式的活页日程本。最开始以A6活页本为主，因为这个尺寸感觉是最适中的。但是A6活页日程本装满内页以后也可以说是一块"小板砖"了，所以并不适合随身带在身上。如果没有随身携带的需求，A6倒真是一个最合适的尺寸！

最后，我终于找到了我人生中的真爱日程本LV的活页本（相当于A7大小）。

下面先说说目前我的日程本使用习惯。之后的章节会详细介绍我的日程本各部分的使用方法。

我还拍了一个有关日程本使用方法和技巧的视频，大家可以参考。

扫码看视频
"日程本"

③ 我的日程本使用习惯

A.随身携带，随想随记

我觉得这点非常重要，日程都是每日、每月、每年的规划，只有随时追踪、查看日程、随时更新待办事项清单，才能让日程本真正起到提高效率的作用。

因为要随身带，所以A7尺寸的本子非常适合我，并且我这本的内环比普通的A7活页本还要小一些，就更省地方，更轻便。我所有的小包都可以装下这个本子。

B.所有日程一本搞定

经常被问到"用A7这么小的日程本真的可以记下所有的东西吗？是不是回家还要把内容转移到大本子里？"回答是："完全不用哦，一本就可以了。"

当然，工作的内容和生活的内容要分开，与工作有关的内容，我会有专门的日程本和横线本。但是所有的生活安排都完全收纳在这个A7小本里，真的都记得下！其实它的纸虽然小，只要找到适合自己的内页格式和记录方法即可。至于后面的自由note页，我会临时记一些信息、想法，之后会总结在相应的其他本子里。这个在后面的章节会详细介绍。

C.事无巨细，统统都要落实在笔头上

我的日程本记得非常详细，只要我需要去做的事情，或者备忘的事情，小到每日的喝水记录、寄快递，大到全年的规划，都会记在上面。

D.零装饰，效率为主

以前的日程本，我会提前一周装饰下周的页面，但现在已经完全不装饰啦。使用四色法记笔记，满满的页面本身就已经很好看了呢。

④ 我的日程本有哪几个部分

A.卡位

我的日程本封皮上有几个卡位。我一般会放咖啡卡和一张银行卡。侧面会塞一点零钱。这样基本可以不用带钱包了。

B.笔插

因为这个本子自带的笔插特别细小，一般的笔都放不进去。于是我买了一个Ashford品牌产品中类似分隔页的笔插，正面还有一个插袋，会放一些小贴纸。图中放的笔是OHTO的slim line超细圆珠笔，很细，很好写。

C.照片板

这个是用背景纸自制的照片板，贴着我和朋友、家人的照片。外面我用Knox的透明资料袋来保护。照片可以随时替换。

D.年计划

我主要会写当年的目标和旅行计划。

E.月计划

我使用的是
Midori的月计划
页，非常可爱!

F.周计划

周计划使用的页面是Knox的竖轴周计
划。A7尺寸的竖轴周计划非常难找。基本
各品牌都有横轴的，但实在不适合我。我非
常喜欢Knox的这款竖轴的。周计划本内我
只放三个月左右的页面。

G.自由笔记

我在这里放了很多彩色纸、横
线纸和空白纸，根据需要做笔记
用。活页本就是这点好，笔记页想
放多少就放多少。

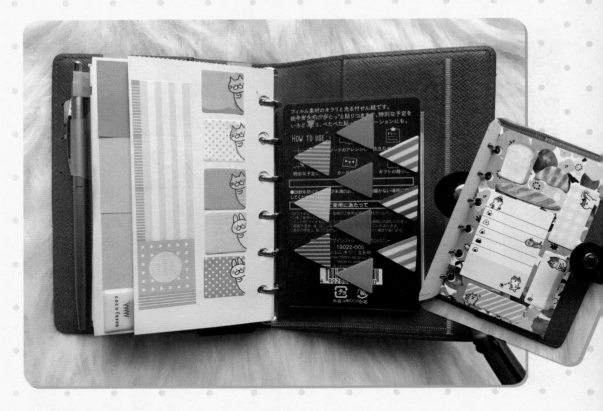

H.便利贴收纳页

我用有一定厚度的印花薄卡纸做了一个便利贴收纳板,常用的便利贴都取一些贴在上面备用。正反面都能贴哦。

(2)给自己设定一个人生计划和年度计划吧

① 人生计划

人生计划,可能会跨度5年甚至10年。不分难易,都是我想要去争取的一些事情。"只有这些事情都尝试过,人生才不会后悔!哪怕最后都没成功,但起码我在一步步朝向往的生活方式和人生轨迹靠近啊!"抱着这样的心情,认真地写下自己的人生计划吧!哪怕是看起来很幼稚的计划,只要是你想要追求的,都可以写下来!

我会设想大概五年后我想拥有的生活状态,然后根据这个来计划。例如,要达到那样的

状态,我的生活方式要有什么变化,需要做什么努力。同理,工作也是。你还可以想得更长远一些,如十年后、二十年后。

我写好人生计划后会做一些装饰,让它更有仪式感。然后多写几份,放在我各个本子的起始页。这样才可以经常翻看到,经常提醒自己为目标努力。

我会随时添加和调整人生计划。例如,突然看到什么非常酷的,未来想尝试的事情,就会随手添加在人生计划里!

② 年度计划

每年年初的时候，在生活、健康、学习、工作的各个方面给自己定下年度计划，让自己更有干劲地开始新的一年吧！

我的年度计划通常会有10项左右，涉及生活的各个方面。大部分的年度计划都来自人生目标的细化。就像之前说过的，每年的年度计划我会再细化分配到每个月和每一天，这样才能把目标实打实地落实到日常的行动中。同理，我觉得人生计划也要分配到每年，这样才能真的把一个看似遥不可及的梦想，慢慢变成现实。

我会经常翻看年度计划，保证自己的行动不要跑偏。我还会写一份贴在书桌前的墙面剪贴板上，和我收集的各种灵感图片放在一起。

总之，我觉得年度计划一定要放在你可以经常看到的地方！不然随着时间的流逝真的会被你慢慢忘记。这也是为什么通常我们只在每年的前几个月里干劲满满的原因！

找个显眼的地方，写下年度计划吧！

（3）方便查阅的月计划打卡

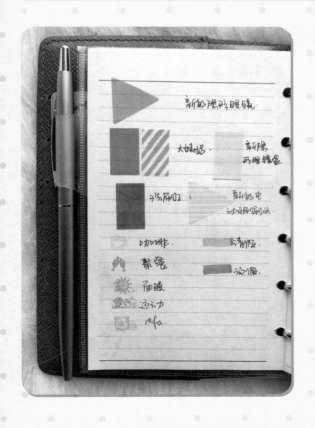

① 月计划制作

我在月计划里常用图形和不同颜色的色块等小标识来表示各个事项，以达到一目了然的目的和方便查找的功能。所以在月计划页的最前面，我增加了一页标识页。

为了刚好贴进月计划格子，我选择的都是尺寸非常小的便利贴。在后面的活页本小工具里，我还会做具体的介绍。

除了一些固定的标签内容，我还会根据临时需要使用一些其他颜色的便签。不过使用时有一个原则是，新加的便签，一旦使用，颜色和形状就固定下来。如果再次用到，还要用同款便利贴表示！这样查找起来才不会乱。另外，如果在便利贴上写字，用圆珠笔就可以哦。

我在选择月计划格子里的便利贴时，也是以极简色块为主，很少用到装饰性便利贴。

② 月计划打卡

打卡我使用的是Pilot的可擦印章，非常推荐！
它的优点很多：

• 小巧、好收纳、好携带、自带印泥；

• 可擦（印歪、印错不用怕）；

• 图案和颜色的款式很多；

• 图形很小，适合印在月计划的小格子里。

我选了五个我比较想追踪打卡的事项，
进行记录。有代表运动的游泳款、代表面膜
的小太阳款等。

记录打卡项除了用印章，还有一个也不
错的选择就是使用PLUS花边带。它的款式
非常多，也涵盖了生活的方方面面，而且也
不会增加本子的厚度。

但它有一个小缺点（这点也许在别人看来是优点），一个花边带代表一个事项，如购物、看病等，但是同一卷
花边带上的小图案不是完全一样的。虽然这样会更可爱一点，但是如果是以快速统计打卡事项为目的，那就会让
人有点看花眼了。

| 图： 图片来自网络

128

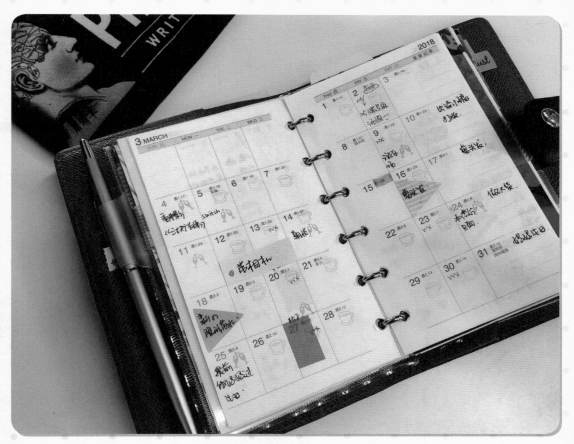

③ 月计划具体使用范例

A 月计划内页选用的是Midori的ojisan款，每月均不同的小插图非常可爱，格子设置也很合理。因为A7尺寸的本子很小，每日计划格子更小，所以尽量避免写过多文字，最大限度地把各种事情都用图形表示，回查起来特别方便。

B 我经常有各种稿子要写。绿色一直代表各种"发送类"信息，如发布公众号文章、发布视频、发表文章等，在我的本子里都是绿色。这里代表提交稿件大纲的日子。

C 发布终稿的日子。在周计划里会有更具体记录。月计划就以一目了然的图形和色块来表示。

D 生理期的开始和结束，查起来一目了然。如你所见，这套便利贴每个颜色都有单色和条纹两种。所以有"开始"和"结束"的事情，我都会单色表示"事件开始"，条纹表示"事件结束"。

E 每周发布公众号文章的日子会提前标示出来。

F 放假日的标识。可以提前把每月的假期标出来，便于规划日程。在格子最上方用荧光笔表示，还不会影响下面的字哦。

G 喝咖啡、面膜、运动等事件的频率都一目了然。有时候喝咖啡过量，就会提醒自己停几天。小标识印章，就类似打卡的功能。但这样把打卡直接以可视的方式表现在月计划里，看起来更方便，也更容易坚持。当然也可以将单独的打卡页附在月计划前，但我发现自己想不到经常翻看，所以那种形式总是半途而废。

H 和家人、朋友的约会，会写上和谁、在哪、做了什么。除了觉得这是开心的事情，值得记录之外，也是为了之后有需要，方便查阅。而且了解自己的社交情况，也可以定期检视自己是不是最近在外面吃饭过于频繁了或是否太久没和朋友见面了。

I 记录隐形眼镜、电动牙刷刷头等的更换时间。更换后通常会立刻把几个月后需要再次更换的日子用同样的便利贴提前标示出来。到那天的时候，就会立刻看到，然后再标下次的，以此类推。

J 钻石便利贴用来表示小成就，如公众号的粉丝量终于到××人啦！算作记录和对自己的鼓励。

K 每周TOP目标。横着看，一行刚好是一周，在最后的一个格子写下最重要的几个目标，特别方便安排一周生活。完成的部分，我会用灰色荧光笔画掉。

L 每月TOP目标。用便利贴标识，每个便利贴上写一个目标。之后把目标先分配至每周，再分配至每天。完成后撕掉相应的便利贴就可以。如果本月未完成，就撕下相应的便利贴，转移到下月的月计划表里。

（4）周计划：让每一天都效率满满的多色手帐法

A 日期旁的空白位置画星星表示"喝水量"，这样真的能督促我喝更多水。
类似的标记，会给人满足感进而提高效率。这样的小动作，也可以帮你养成好习惯。

B 放假/请假的日子，在周计划里也会标出。

C 这里的功能，我随着不断使用，根据需要做了调整。
最初用来记录每日重要事件TOP2。现在的作用是记录每日起床和睡觉时间。

D 做完的事，就用红笔在时间上打钩，没什么复杂的花样，全程也不需要换笔，一支多色笔搞定所有。
再来说说时间轴。如果你很多事都是需要特定时间做的，那么可以严格按时间轴来记录。但如果只有极少事情是定点的，那么时间轴只是辅助作用。重要和定时的事情用红色来记，其他事情只会在大概时间，随便选一行来写。

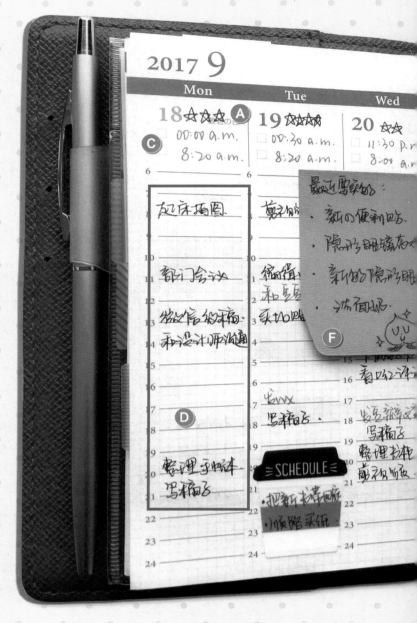

"红色" 代表需要特定时间完成或者重要的事项。

"蓝色" 代表工作类事项。但因为我还有单独的工作笔记本，所以在这个本里，蓝色很少出现。

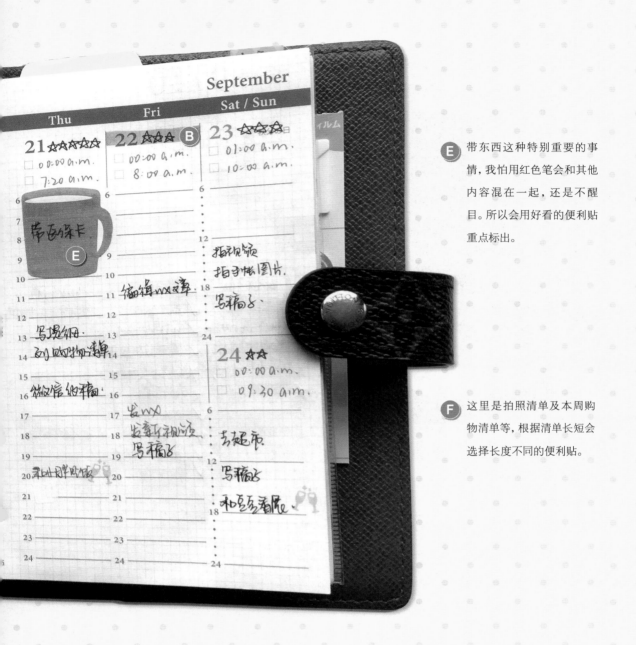

September

Thu	Fri	Sat / Sun

21 ☆☆☆☆☆
- [ ] 00:00 a.m.
- [ ] 7:20 a.m.

带医保卡

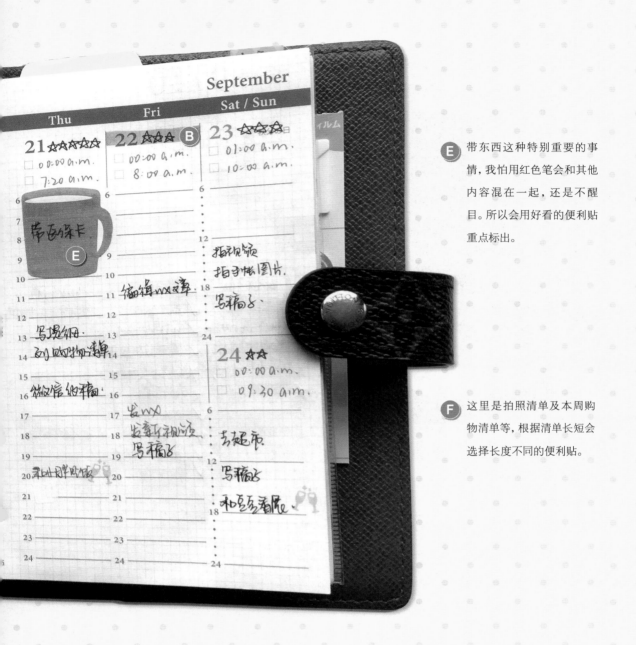

22 ☆☆☆ Ⓑ
- [ ] 00:00 a.m.
- [ ] 8:00 a.m.

编辑wx文章

发wx
发新视频
写稿8

23 ☆☆☆☆
- [ ] 01:00 a.m.
- [ ] 10:00 a.m.

拍视频
拍手帐图片
写稿8

24 ☆☆
- [ ] 00:00 a.m.
- [ ] 09:30 a.m.

去超市
写稿8
和豆豆看展

写提纲
列购物清单
微信he稿

Ⓔ 带东西这种特别重要的事情,我怕用红色笔会和其他内容混在一起,还是不醒目。所以会用好看的便利贴重点标出。

Ⓕ 这里是拍照清单及本周购物清单等,根据清单长短会选择长度不同的便利贴。

"绿色" 代表"发送类"事项。和月计划一样,所有发布视频、发表文章之类的提醒,会用绿色表示。

"黑色" 代表一般事项。大部分待办事项都用黑色表示。

周计划选择的是Knox竖时间轴款内页。以前也试过每天一小块区域的那种周计划，但因为事项很多，不容易写下，还特别容易写得很乱。所以坚定了以后都用竖轴周计划的心。

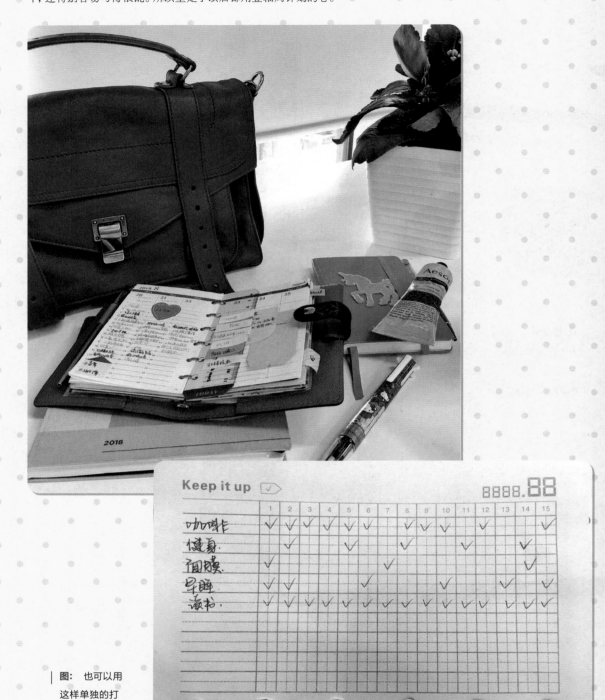

图： 也可以用这样单独的打卡页面

之前我就提到过，比起定页日程本，我更喜欢活页款式的。最主要的原因就是，通常定页日程本的空白笔记页不够用，活页本就没有这个烦恼。

我通常会刻意控制我的活页本内所放的内页数量。这样本子不至于被撑得太鼓、太重，随身携带也就不会有什么负担。对于热爱空白笔记页的我来说，这部分一定不能太少，所以我会稍微缩减周计划的携带量，通常只带三个月的，基本前后事项也都可以查阅到了。

我的空白笔记页会比较随意塞一些空白纸、方格纸、横线纸和彩色纸。各种格式的纸根据要写的内容来选择，其中彩色纸通常用来记一些比较重要的东西。

接下来说说我的空白笔记页都会写些什么。

① 当下的灵感

我平时在走路、等车甚至洗澡的时候，脑子里都会天马行空地乱想一通。有时候就会突然来个想法，这些想法如果我没有及时写下来，真的很快就会忘记。

很多好的灵感都是在这种无意的发呆中想到的，如果错失掉的话真的很可惜。这时候我就会在想到的那一刻，赶快掏出本子简短地记下来。如果当时本子没在手边，也会先记在手机备忘录里，拿到本子后赶快转移到本子上。

所以可以说，我的随身日程本是我灵感的临时停靠站。它的意义就是在当下马上捕捉到我最新鲜的想法。

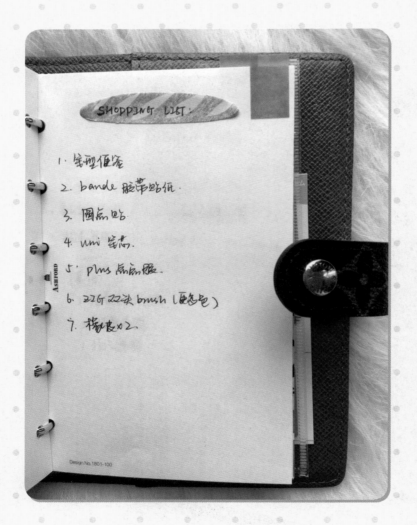

② 购物清单

把超市购物清单列在空白笔记页里会非常方便，可以在去超市前随时添加。之前说过本子也可以塞银行卡和零钱，所以去超市的时候只要拿着本子就好啦！通常去超市前，我会把购物清单页移到本子的最前面或当天日程页的位置，这样查找起来特别方便，这点也是活页本的一大优点。用完的购物清单，我会将其从本上取出，不再占用地方。

③ 思维导图、大纲图

有时候接到一个任务，需要理清思路。我就会在空白页上画思维导图，或者写一个提纲。这样思路立刻就清晰了！然后根据所写的提纲，把任务分配到具体日程页的各个时间点就好啦。在写文章之前，我也喜欢在这里先列提纲，理清文章思路。下笔的时候就感觉事半功倍！

④ 随手涂鸦

有时候无聊想写些东西，或者想随手涂鸦。我会随手写在或画在空白笔记页里。或者打电话的时候，我手里总是忍不住拿笔画圈圈，空白页也是个好地方！

总之，空白笔记页真是一个好东西。如果安排合理，它可以弥补手帐中其他页面的不足。

（6）备忘页：就是这么变成好记性的

上一部分说的空白页，主要是记录一些随时出现的信息，让它们不至于"嗖"的一下就丢失了。而这里说的备忘页呢，就是一些特定重要信息的记录页，是要长期保存在本子里的！

① 生日备忘

这个我通常会放在年计划和月计划页之间。我使用的是Knox周计划本里附带的一页"年计划表"。它的设计非常简单，一个月一行，我会按月份记下亲朋好友确切的生日日期。也可以自己拿空白页记录。

② 地址备忘

这里记录了朋友们的邮寄地址。因为经常互换礼物，或者有时候我想买个小礼物送给朋友，邮寄地址就变得格外重要。也是在对方第一次告诉我地址之后，我就会写在本子上。这样就不会每次都要问一遍啦，而且想偷偷寄礼物的时候，就可以根据地址默默寄过去，不会"打草惊蛇"。

③ 账号密码

大部分账号密码（包括网络的和银行信息之类的），我会记在我的清单本子上，因为那个本子放在家里会比较安全。但是有些网站常用又总怕记错的，我会记在随身的小本子上。

5. 读书笔记：慢慢积淀、慢慢成长

（1）我的读书笔记长这样

　　我非常喜欢看书，读的书的类型也比较杂。读书笔记也一直在断断续续地记，这两年逐渐形成了自己的系统。我会根据需要写三种读书笔记：知识点笔记（学习型）、摘抄笔记（优美句子）、读后感笔记。

　　对于我的读书笔记系统，我也拍了相关视频。

扫码看视频
"读书笔记分享"

① 知识点笔记

这本读书笔记以理顺知识点为主。我对很多专业之外的领域想要了解，如建筑、心理学、经济等。如果真的想通过读书了解一点点知识，那么写读书笔记还是很有必要的。所以，这本知识点笔记的内容主要就是以摘抄和标注重点、框架图为主。

关于阅读非专业性的图书，我现在比较常用的方法是，先用荧光笔在书中画重点，并在那一页贴上便利贴书签。读完整本书后再统一把重点知识摘抄到本子上。

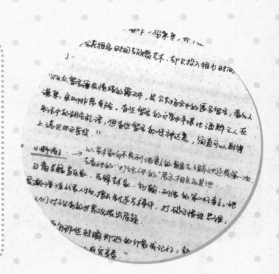

本子的选择

我以前一直是用A5尺寸的活页本做知识点笔记。这样便于在同时阅读好几本书时，同步做笔记。对于内页，我比较爱用横线内页、方格内页和空白内页，尤其爱用方格内页，因为画框架图或者根据理解在摘抄的文字旁边配上一些小插图，都很方便，不受格子的制约。

现在，我的知识点笔记本换成了Muji的牛皮封面线圈本，更加简约轻薄，笔记风格也是简约系。

活页笔记的收纳

平时，知识点笔记的内页会储存在活页本里，按书的类型排序，同类书的读书笔记挨着放，这样比较好查阅。我会定期整理内页，把写过的取出来存放。

我常用的存放活页笔记的方法有两种。

A.活页装订条

这是一种比较古老的方法，我早期都是这么收纳的。但是这样做不能收纳得太厚，而且一旦收纳好之后，再取下来会有一点点麻烦；收纳好的活页纸翻阅起来也不是很方便。

B.塑料透明活页本

这种活页夹其实就是简易的活页本，价格便宜，而且收纳的活页看起来非常整洁。只要在本子的侧面贴上彩色标签贴，就可以进行内容的分类了。这样，如果想回看笔记，只要看看侧面的标签，就可以很容易地找到啦。

② 摘抄笔记

这个本子就是单纯摘抄优美的句子，而不是有用的知识点。除了从书中读到的句子，在网上看到喜欢的，我也会记在这个本子上，并在文字后面标明出处。这在我读诗集的时候尤其需要。

我会简单装饰页面，但不会做复杂的拼贴。

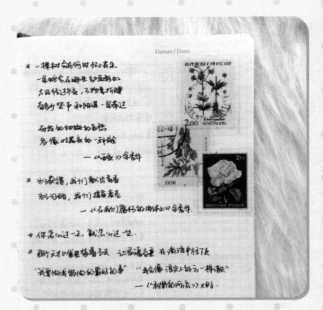

③ 读后感笔记

我读完一本书后，会有想要表达的欲望，想和人讨论这本书（但经常找不到人），所以我开始写读后感。而且写读后感可以有效地激励自己读更多的书。自从开始写读后感以后，我养成了每天至少读一小时书的习惯。

虽说读书这件事并不能拿数量来说事，但对我来说，多读书总是好的，起码让我更有效地利用了碎片时间，不然那些琐碎的等人、等车或在路上的时间，我应该也只会以玩手机度过吧。

至于这个"读后感"具体要写什么，完全要看你的喜好。这不是你要上交的论文和作业，只有真正从兴趣出发，才能长久坚持，毕竟手帐从来都不应该成为你给自己找的苦差事。

本子的选择

因为我习惯以大段大段的形式写读后感，所以不想本子有很复杂的布局，希望本子看起来整齐一些，加上我喜欢用钢笔来写，所以选择了灯塔A5尺寸的空白定页本。

（2）怎么选择读书笔记本

前面一节介绍了我比较习惯使用的读书笔记本的格式。

一款是摘抄用的灯塔A5尺寸方格定页本，一款是写读后感用的灯塔A5尺寸的空白定页本，还有一款是记知识点笔记用的Muji线圈本。除了这三种，当然还有很多其他的选择。

选择读书笔记本时，我不建议使用太小的本子，因为无论摘抄还是写读后感，过小的页面都有点施展不开。而且一般读书笔记本都没有随身携带的需要，所以本子大一点其实会更好。

除了发挥空间更大的空白内页、方格内页、横线内页的本子，其实也有很多品牌出了已经画好格子的读书笔记本。这种笔记本的内部规划比较合理，很适合喜欢整齐又想省时间的人。小缺点就是，格子的空间可能不够写。

Moleskine passions系列读书笔记本

Moleskine公司的passions系列本子有很多款式，如美食款、品酒款、宠物款等。其中读书笔记本是比较热门的一款，黑色封面，有凹凸的暗纹，A5尺寸。

这款本子为书籍信息、作者信息、读书信息及摘抄、感想都留了格子，你可以直接把字填进去，非常省事。

图片来自网络

灯塔Leuchtturm1917读书笔记本

这款本子外皮的颜色有很多种，具有灯塔一贯的彩虹色风格。

其内页条目与Moleskine的本子差不多，小区别就是摘抄和感想部分合在了一起，面积更大。具体要写什么，就随使用者的喜好了。

活页读书笔记内芯

网上有很多读书笔记型活页内芯在售卖。大家可以买现成的，或购买电子版来自己打印。活页的格式就多了，尤其是一些欧美网站，其布局选择多，有的还可以根据自己的需要来定制，高度自由化。

（3）这么装饰读书笔记，又清爽又好看

读书笔记也可以像日记那样做拼贴，弄得比较花俏。不过我个人还是比较喜欢简洁清爽、格式统一的，这样看起来比较整齐，也不用花太多的时间。知识点笔记和摘抄笔记基本是以文字为主，配合荧光笔标注和胶带拉条，这里就不做详细介绍了。

下面介绍一下我常用的几种读后感笔记的装饰方法。

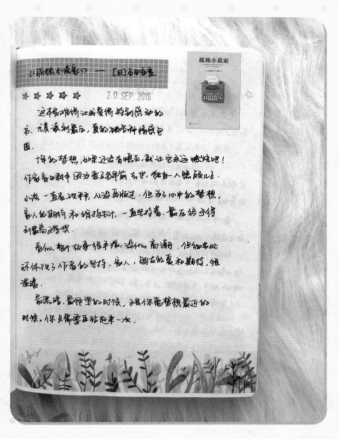

小方法A

这种格式和买来的读书笔记本有点像，但优点是可以根据自己的需要进行调整，而且色彩也更多一点。我设立了这样几个项目：书名、作者、封面、打分、读完的日期、书评。

首先是贴上单色的贴纸或胶带，写上书名与作者，这样也可以很好地消耗买来的单色胶带；下方用印章印上星星图案和读完的日期；然后把打印出来的书的封面贴在右边。为了保持一点仪式感，我统一了页面的色调，如胶带的颜色、评分里星星的颜色及日期的印泥颜色基本一致。这个完全属于个人喜好啦。而在颜色的选择上，要么就是和书的封面特别搭，要么就是根据读完这本书后我的感觉而定，如阴郁一点的书，我会选择灰色系的胶带和印泥。

页面空余的地方，我会贴上一些胶带。选择胶带时我会考虑书的内容，如美食类的就贴美食胶带；我还会考虑胶带的颜色，尽量让整个页面和谐统一。平时使用率比较低的或总是不知道如何拼贴的胶带，这时候就可以好好加以利用啦。

书籍封面的打印方法

- 在"豆瓣网"下载最近在看的书的封面图，一定要下载原图哦。

- 放在Word里统一排版并调整大小，我调的宽度是3cm。

- 打印在A4不干胶纸上，收纳在灯塔本子后面的口袋里备用。

小方法B

如果你想要简化写读书笔记的步骤，那我推荐Sweet Stamp出品的读书主题印章。这套印章很实用，尤其是其中有一个印章把关于作者、书籍信息等内容的框架都囊括了，特别方便，做好的页面也更整齐好看。

这样，我只需再贴上书的封面图，就可以直接写读后感了。

小方法C

除了上面说的我常用的方法，你还可以自己画表格做阅读记录清单，例如想读什么书、读过什么书，或者给自己定一个读书目标吧！

至于阅读记录清单的格式，可以多去Instagram上搜索，那里有很多格式可以参考。多看看大家的想法，做出自己的读书笔记吧！

6.清单记录本：让你变成清单控

除了写日记、日程以外，我在日常生活中最离不开的就是清单本和灵感收集本了！下面就来介绍一下清单本和灵感收集本。

清单本的内容其实就是各种清单的集合，例如想买的东西、别人推荐的好用单品等。也可以不局限于清单，像各处看到的有用信息和自己感兴趣的内容，都可以记在这里。

① 为什么需要这样的本子？

你有没有过这样的困扰，就是平时看了很多好用单品的推荐，看了很多好玩的旅行地推荐、菜谱推荐或是"收藏"了很多各式各样的文章，但当你真的想查某个信息的时候，还是要重新搜索。你之前浏览过的内容、花费的时间，好像没有在你心里留下任何痕迹。

这就是有一个专门的记录本的重要性了。只有定期把看到的信息进行分类整理，才真的是把这些信息变成了"你自己的东西"。无论从效率提升还是从自我提高方面，都非常有用！

我自从有了这个本子，每次想买什么、想查什么，只需按类别在本子上查阅就可以了，非常方便！

图：化妆品推荐、美食推荐等，分门别类地记录。还可以根据不同的品牌，使用不同的彩色笔记录，一目了然

② 我的记录方法

• 在上网的时候，把本子放在手边，随时看到什么有用的信息，就直接按类型记到相应的类目里，比如美食推荐、简易菜谱、化妆品推荐等。

• 如果是比较长的文章，暂时没时间看，可以先收藏起来，然后每周末整理一下这周收藏的文章。看过之后，摘出有用的信息，取消文章的收藏（这可以防止收藏越来越多，最后自己都分不清是否看过了）。

• 如果是在路上临时看到一条有用的信息，这个信息可以是某条微博、朋友发来的微信中提到的内容等，而手边暂时没有本子时，我会统一用手机截图保存下来，然后依然以周为单位，整理手机相册。

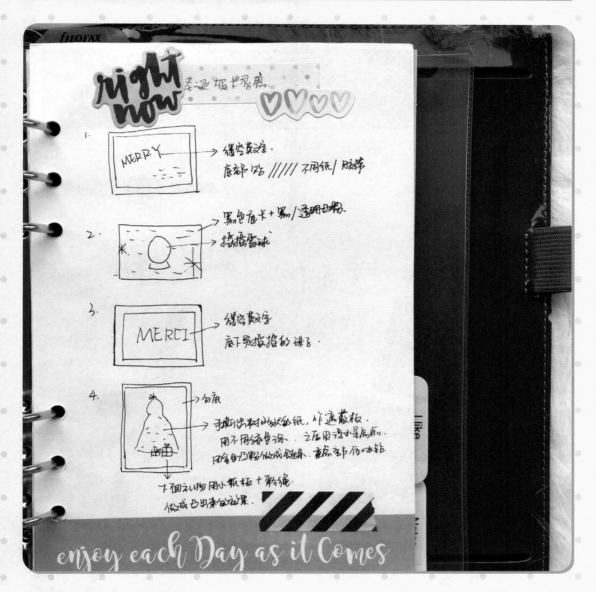

① 为什么需要这样的本子？

因为需要定期拍摄视频、写文章，所以灵感收集本对我也很重要。拍摄视频的灵感、想法、大纲及需要准备的材料等，都一一列在这个本子上。每次有了灵感，就及时写在本子上，避免了每次临到要写东西却想不到主题的情况。

② 我的记录方法

　　一旦脑子里冒出新点子，我会随时写在本子上。如果本子不在身边，就先写在手机备忘录里，回家再整理。每次写文章或拍摄视频之前，我都会先在灵感列表里挑出一个主题，然后给这个主题单独建一个页面。大纲、需要准备的物品、小想法等全都会写在这个页面里，同时我也会画一些简易的示意图。

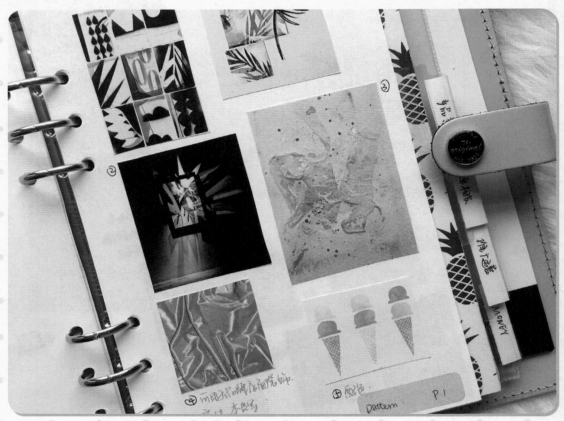

　　对于图片式的信息（从网上下载的图片或自己拍的照片），我会先统一保存在手机里，在有了一定的量以后，统一打印出来。我会尽量把图片的尺寸调得小一些，能看清楚就好，然后像剪贴板一样贴在手帐里。而且对图片会按类型分类，如"插画""包装设计"等。

1. 自制贴纸就是这么简单

手帐控可能都会有这样的阶段：看到好看的贴纸就刹不住车，一买就买一箱子。没过多久，发现不喜欢这种风格了，又看上了新的贴纸，一买又是一箱子。慢慢地，家里就堆了很多自己"早期"风格的贴纸，和现在的风格不一致了，完全无法用在手帐里。我家也堆了很多这种"尴尬"的贴纸，都是几年前疯狂买的，现在不知如何是好。

这几年我慢慢长记性了，知道贴纸这种东西特别容易"腻"，造成以后大量囤积的现象，所以我现在买的时候非常谨慎，只选择特别喜欢或很百搭的。更多时候，我选择打印素材，自制贴纸。而且我发现打印的素材比销售的贴纸好用很多，其图案尺寸比较大，选择也特别多。自制贴纸还有一个好处，就是可以一次少打印一些，用完了再继续打印。把收集来的素材囤积在计算机里而不是抽屉里，也是更环保的做法。

这一节我就向大家介绍一下，要想自制贴纸，去哪里找好看的素材，具体又应怎么打印。

（1）好看的素材这里找

首先必须强调的是，自己打印素材一定要注意版权问题，不要白用他人的劳动成果哦。网上有很多大家分享的免费素材，可以少量打印自用，但不要用于商业用途。还有一些是需要付费的素材，大家购买以后依然可以自己使用，但不要免费分享给他人，否则也就失去了付费的意义，还是没有尊重他人的版权和劳动成果！

接下来给大家说说比较容易挖到宝的一些网站，方便大家找到适合自己的素材。

① 微博、Instagram等社交网站

现在，微博、Instagram等社交网站上有很多博主会自己收集素材并用专业软件拼图，做成可打印的贴纸素材，供大家使用。大家可以在这些网站上搜索相应的关键词，如"手帐素材""贴纸素材"。每个博主都有特定的风格，大家可以根据自己的喜好进行选择。

通常他们都会分享一个网盘链接，大家可以去下载原始文件。千万不要直接下载微博的预览图哦，这样打印出来是不清楚的。这些素材若没有特殊的说明，用A4纸打印就可以了。

除了很多拼图的贴纸素材以外，很多擅长绘画的博主也会分享自己画的"日付"（指一幅幅带日期和图画的小图，可以贴在手帐上当日期+装饰使用），供大家下载。只要搜索"日付"就会找到很多啦！

当然，如果你自己会PS（Adobe Photoshop的简称）之类的专业软件，也可以自行购买单独的素材，然后自己拼图。

② Pinterest

在Pinterest上搜索"sticker""planner""printable sticker"等关键词，也可以找到很多非常好看的贴纸或插画。如果直接搜"sticker"，那么通常都是排好版的图案；如果搜索"illustration"，搜出来的通常是单独的小插画，这时候最好先拼图再打印。

从Pinterest上搜素到的图案，大家也千万不要直接单击鼠标右键选择保存，它们只是预览图，清晰度不够。需要以左键单击图案，链接至原网站。这时通常会链接到一个博客或一个购物网站。如果链接到博客的话，大家仔细找，博文里会有下载原图案文件的链接。如果链接到网站，那通常就是需要付费的素材了，大家可以酌情购买。

③ 博客

大家可以关注一些经常分享贴纸的博客。例如，我之前在Pinterest上找到一些博客，就先把它们添加为书签，然后定期去博客查看一下有没有新素材可以下载。

④ **图案素材购买网站**

很多专业的插画图案网站里有大量的图案素材可供大家购买。大家可以寻找一些。我自己比较常用的是Etsy(网络商店平台)这个网站。因为很多自制贴纸素材的人都是在Etsy上开店的，他们售卖的贴纸素材都是排好版的电子文档，而且贴纸上的图案也都是手绘的，非常有特色。贴纸上面还会很贴心地标明用多大的纸和什么样的纸打印最合适，所以我很推荐大家在这个网站购买。因为只是购买电子文档，所以不存在运输的问题。只要搜索"printable sticker"，就可以快速查找到大量贴纸素材的文档，而且风格多样，总有一款适合你。

直接购买排好版的贴纸文档，比在图片素材网站单独购买素材方便得多，适合不会用PS排版的人。而且里面的图案、尺寸都更加适合手帐。

（2）素材打印与纸张选择

其实打印时只要注意三个关键点即可，打印方法与打印普通图片基本上是一样的。

• 尺寸：注意文件的尺寸，一般用A4纸打印就可以了。特殊的通常会有标注。

• 一定要打印原图。如果不用原图，会非常模糊。

• 打印纸张的材质要选好。我会根据不同的素材，选择不同的纸张。

① **硫酸纸不干胶**

如果是花卉类、线稿类、边沿复杂的素材，我会选择用A4硫酸纸不干胶打印。它和普通硫酸纸不同哦！其自带背胶，纸质磨砂半透明，不会像普通硫酸纸那么脆硬，这样就完美解决了硫酸纸打印之后再涂胶水时会透出来、变得不好看的问题。

硫酸纸不干胶打印出来就跟透明贴纸一样，磨砂质感，有和纸的效果。用其打印出来的线稿类素材，贴上会有一种印章印出来的效果，非常好看。如果是边沿复杂的素材，用这种纸打印时，剪素材图案的时候就不用剪得那么精细啦，贴上后效果一点儿也不差，适合我这种懒人。用硫酸纸不干胶打印素材时需要注意一点：打印完后需要放置几分钟，待上面的墨迹完全干透后再使用，不然图案会被蹭花。

其实还有一种透明不干胶纸，是亮面全透明的，印出来的效果就跟以前我们常买的透明贴纸一样。但是其油墨不容易干，再加上反光太强，我觉得效果没有硫酸纸不干胶好。

② 牛皮纸不干胶

打印复古类素材的时候，我强烈推荐使用牛皮纸不干胶！用它打印可以加重图案本身的复古感！

③ 普通白纸不干胶

建议大家选择质量比较好的普通白纸不干胶。质量差的胶味很重，而且纸质不够光滑，摸起来有"粉末感"，打印出来的素材的显色度和清晰度也很受影响。

这种纸是最常用的。对于普通图案或类似框类等需要在上面写字的图案，我都推荐用这种普通白纸不干胶打印。

2. 纸胶带还能玩出这么多花样

前面的章节介绍了很多用纸胶带装饰手帐的方法。但其实纸胶带的妙用可不只有贴手帐这一种。很多手帐er都买了成套的纯色纸胶带。网上有很多用纸胶带装饰手机壳、做贺卡、装饰小电器等的范例。

那么纸胶带尤其是纯色纸胶带，在手帐上还有什么好的DIY点子呢？

这里就教给大家更多的技巧，帮助大家把手中的纸胶带利用起来！不要浪费了你那越囤越多的胶带！

(1) 自制圆点贴

将圆点贴贴在手帐中十分常见。以前我都是买现成的，但其实用纸胶带完全可以DIY！

纸胶带、离型纸、10 mm直径的圆形压图器。

步骤

| A: 把纸胶带贴在离型纸上。

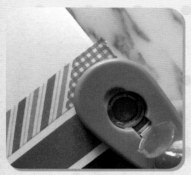

| B: 打孔。

| C: 打很多圆点贴备用。除了纯色胶带，还可以尝试各种花色胶带、烫金胶带，会有意想不到的效果哦！

应用实例

可以贴在日记里作为装饰，也可以用在日程本上，贴在日期上标记特殊的日子。

（2）拼贴圆点贴

所需工具

纸胶带、白色不干胶纸、19mm直径的圆形压图器。

步骤

A： 把胶带随意手撕，拼贴在不干胶纸上。注意，这次是不干胶纸，而不是离型纸哦！

B： 注意颜色的搭配，用打孔器选择好看的区域打孔。

C： 多色圆点贴可以贴出小星球的效果；黑金搭配也很好看哦！

应用实例

(3) 手帐标签贴

所需工具

纸胶带（建议选用颜色鲜艳的款式，推荐mt的Fab系列，适合做标签贴）、白色不干胶纸、19mm直径的圆形压图器。

步骤

A: 将胶带贴在不干胶纸上。

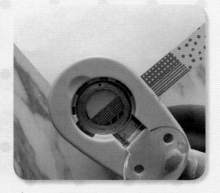

B: 按照一半胶带一半不干胶纸的方式打孔。

C: 如此制作出来标签贴的不干胶部分，是可以写字的！

159

应用实例

| 可以像这样写上日期。

| 也可以贴在每日日程框里，写备忘事项。

（4）自制复古胶带

所需工具

棕色系胶带（mt
或Muji那种表面比较
滑的胶带都可以）、
复古印章、油性速干
印台（这种印台可以
印在各种材质的表面
上，如木头、塑料
等。只需要几秒就
会干透，图案不会花
掉。我用的品牌是日
本的"月亮猫"）、
离型纸。

步骤

| A: 用印章蘸取油性速干印泥，随意印
在胶带上。

| B: 不需要印得太整齐，斑驳的效果
也很好看！

| C: 完成！可以
多尝试使用不同图
案的印章和不同颜
色的胶带来制作。

应用实例

在金色的胶带
上印，效果也不错。
多尝试一些搭配，肯
定会出现特别的作品
哦！这样，完全属于
自己的原创胶带就做
好啦！

（5）自制烫金胶带

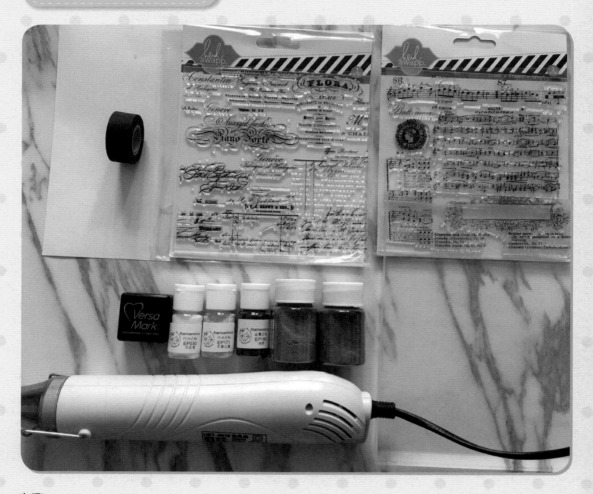

步骤

| A: 将纸胶带贴在离型纸上。

| B: 用印章蘸取浮水印台。

所需工具

离型纸、纸胶带、印章、浮水印台、凸粉和热风枪。

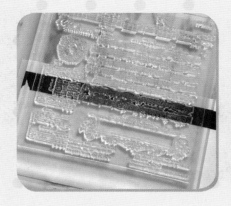

| C: 把印章印在胶带上。

| D: 印完可以看到浅浅的痕迹。

| E: 在印完的地方撒上凸粉，什么颜色都可以。我这里使用的是金色凸粉。

| F: 用热风枪吹。在这之前记得把离型纸上残留的凸粉清理干净。

| G: 完成！极具立体感的胶带就华丽地做好啦！我试了好几种凸粉，效果都不错，而且绝对不会掉哦！

（6）自制复古车票

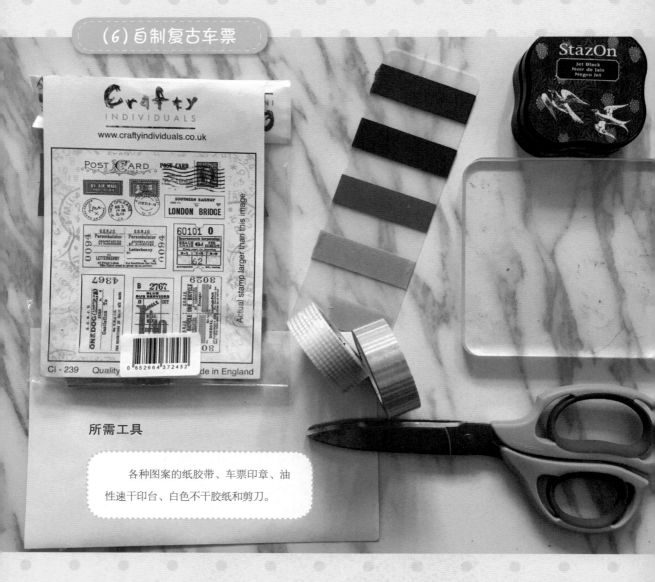

所需工具

各种图案的纸胶带、车票印章、油性速干印台、白色不干胶纸和剪刀。

步骤

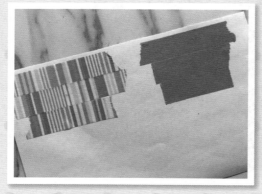

A: 把胶带贴在离型纸上，多贴几排，不要有缝隙。

B: 用车票印章蘸取油性速干印台，印在胶带上。要把车票图案印全哦。注意印章的边角不要超出所贴的胶带。

| C: 把印好的图案剪下来备用。这样，超好看的车票贴纸就做好啦！风格完全根据所使用的胶带色系来决定。想要复古一点，就可以用棕色做旧系胶带！

（7）胶带手工

给大家看看我用纸胶带做的其他小手工吧！

| 图：小书签。插在书页的一角，可以很方便地找到你正在读的那一页

| 图：书签

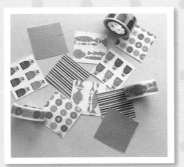

| 图：属于文具控的"对对碰"卡牌，可以多做一些，和朋友一起玩

| 图：包装礼物

3. 自制"做旧&烧焦"效果的素材

这一节给大家介绍一个特别简单，但是看起来却很精美的手工——自制"做旧&烧焦"效果素材。

（1）可以做什么用

① 贴手帐

用这种素材装饰手帐的页面，可以代替复古英文胶带！而且其装饰面积更大、更自由，想贴多大就贴多大。

② 包装礼物

在包装的外面包一层做旧报纸，就会充满复古感，一看就是花了很多心思准备的礼物。

（2）实际效果

首先说一下两种效果的差别和各自的特点，这样有利于使大家做出来的东西更逼真。

做旧的报纸更皱、颜色更黄，可以逐层晕染。

做旧英文报纸

烧焦英文报纸

烧焦的报纸较平整，没烧到的地方保持原貌。边缘由深棕色到黑色，边沿的线条比较死，所以不要晕开太多。中间的地方可以加几笔熏黑。

（3）所需工具

A.英文报纸：Global Times和China Daily比较好买，其他的当然也可以。尽量找彩色页面少的。质地就要报纸那种，不要杂志的光面纸。

B.印泥：三个不同深浅度的棕色印泥（什么牌子的都可以，最好是水分多一点的），一个黑色印泥。

C.海绵晕染刷：我用的是Ranger这个牌子，淘宝网上有售。

（4）做旧报纸的教程

A.手撕一块报纸。注意一定要用手撕，不要太整齐，有毛边最好！

B.用海绵晕染刷蘸取最浅的米棕色，以打圈的方式刷满整张报纸。刷完的报纸会有一点油纸的感觉。

C.把报纸揉皱再展平。

D.蘸取棕色印泥，从左到右，以直线的方式轻轻地刷整个报纸。这时候有褶皱的地方就会沾到印泥。

E.用刷子蘸取颜色最深的棕色。以打圈的方式在四边刷色，稍微往里晕染。

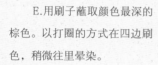

F.依然用最深的颜色，让刷子与纸垂直刮。这样，边沿的毛边会晕染上好看的颜色。

G.完成！

169

(5)烧焦报纸的教程

A.用海绵晕染刷蘸取颜色第二深的棕色印泥，在报纸中间和边沿上色。

注意：不要晕染太开，做成色块的样子为止。边沿颜色稍微重一点，别太往里晕染。

B.用海绵晕染刷蘸取黑色印泥。将海绵晕染刷垂直于报纸边沿，进行刮色。

C.完成！

这章主要介绍如何拍出好看的手帐照片。

虽然说写手帐并不是为了摆拍，但是既然用心写了，那么想拍个美美的照片发送到社交网络上的心情也是可以理解的。而且把手帐拍得美美的，并与大家分享，也是激励自己一直坚持下去的动力呀！

大家经常有疑问："为什么我的手帐亲眼看觉得很好看，但是拍出来就暗淡很多，完全表现不出素材的质感和排版的美呢"。

其实大部分发到网上的好看照片，在拍的时候或多或少都注意了光线、布局等因素，或者后期进行了微调。完全没有调整、直接随手拍的原始照片效果是远远没有那么好看的。

所以排除"一定是我手帐不好看，才拍得不好看"的观点吧！就像化妆一样，试着让你的手帐做一个画着裸妆的"天然美女"吧！

简单介绍一下我的拍照工具：iPhone手机。其实我尝试过用相机拍，但因为一直对相机没有太深入的研究，不太懂各种按键怎么调试，所以一直在做"手机党"。而且我发现用手机拍，其实更好取景和布局，尤其是拍方形照片时。

所以下面就来说说，怎么用手机拍出超好看的照片吧！

1. 光光光

光线是拍好照片的一个非常重要的条件，甚至可以说是最重要的条件。如果光线好，真的可以达到随手一拍、不用后期处理都很美的效果。

最好的光线就是自然光。一般情况下，没有好光线，我是不会拍照片的。因为拍出来效果不好，即使经过很多后期处理，也很难达到好看的效果。所以有好光线真的能让拍照这件事事半功倍。

在没有自然光的情况下，你当然也可以选择灯光。但是很多烫金的部分以及很多透明的塑料包装、手帐的透明pvc皮都会反光，这样拍出来的照片效果很一般，而且阴影也不好控制。所以我还是最推荐自然光！

图： 光线太暗或使用人造光源时，拍PVC表面会反光很严重

（1）柔和的自然光

一般拍照选择柔和的自然光就可以。我比较喜欢下午三四点时候的自然光，不会太过于强烈。此外，拍照的位置也要好好选择。

① 户外

在户外拍照，光照比较均匀，而且还可以借助自然元素，如花草树木、长椅等，这样拍出来的照片会有和平时不一样的效果！

② 室内窗前

在室内的话，我比较推荐在窗前拍。一般我会在窗前的地板上摆拍，或在窗前放一张桌子来拍。

位置要面向窗户，让光能从正前方打进来。这样拍出来的照片，不会有明显的阴影，整张照片也不会有暗角。

最好不要让光从侧面的窗户打进来，这样会出现多余的阴影，并且照片左右的明暗程度会不同，尤其加上滤镜之后，这种差别会更加明显，这样拍出的照片就不太好看了。

这种自然光可以用于表现特殊的效果。

比如想展现光线打在手帐上，那种阳光洒过、被亲吻的感觉。这时候不用在意手帐上会有一条条的光线，因为这恰恰是我们追求的感觉。

还有要表现"闪亮"感觉的时候，这种光线就很适合。比如拍摄亮片、亮粉、水钻、烫金等元素时，普通的自然光很难捕捉到那种闪亮的感觉，拍出来的效果是很平面、很暗淡的。

这时候，我们可以选择一天中阳光最强烈的时刻。在窗前找一束射进来的强光，然后把想要拍的物体放在这束光下，轻轻晃动，看到闪光赶紧按下拍摄键，美好的闪耀瞬间就被定格下来啦！

2. 有了这几个小工具，你也可以拍出像手帐大神一样的照片

手帐摆拍道具很重要！除非是拍极简风的图，不然还是要配合道具和氛围来营造不同的感觉。

我们选道具时可以大开脑洞，利用手边的小物，这样拍出来的照片会更有个人风格。也可以专门购买一些拍摄道具，别看小小一两样道具，加上之后拍出来的照片质感会立刻提升很多哦！

（1）随手使用身边小物件

① 小文具

首先我们很容易想到、用到的，必然是各式各样的文具。把文具放在手帐的照片里，当然很和谐啦！哪个手帐控不爱文具呢？而且买了那么多"貌美"的文具，怎么能不让它们多出镜呢！好看的木头印章、有质感的金属夹子、彩虹色的胶带、各式彩笔或看起来很高级的钢笔，都可以作为摆拍道具，出现在手帐照片里。

你也可以选择当天写手帐时用到的文具。

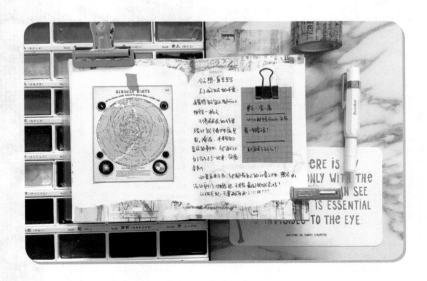

② 卡片、明信片

很多卡片、明信片都很有设计感，作为照片的底衬，放在手帐下面或者出现在整张照片的边角都很好看。

卡片、明信片的图案选择可以根据手帐本身的风格来定。复古、鲜艳、清新都可以。但要注意的是，选用的卡片图案和手帐的版式不要复杂，否则看起来会有点乱，疏密搭配最好！

我非常喜欢用地图图案的明信片搭配复古风手帐，用Project Life（一个美国手作品牌）的卡片来搭配欧美风手帐。

③ 亮片

最初我买这些亮片是拿来做摇摇卡的。所以剩余的一堆亮片也算是手边小物啦，反正做摇摇卡也用不完！我不推荐"美甲用亮片"，因为它太小了，在照片里没什么存在感，还容易乱。我推荐尺寸较大的亮片，如直径5mm以上的，也可以选择异形亮片，如我常用的贝壳形、爱心形、星星形亮片等。

拍照的时候随手在背景上撒一些亮片，就很好看！千万别撒太多。最好一片一片分开，注意疏密比例，如果是多色亮片一起用，相同颜色的不要扎堆就好啦！

④ 其他生活小物

生活中有很多小物都可以放进手帐照片里，我很爱用的是蜡烛、烛台、彩妆品、小饰品、鲜花植物、马克杯、烫金盘子等。

使用蜡烛时可以选择将其点燃之后放在比较昏暗的室内拍照，这样会有特别温馨的感觉。

而彩妆品就更有花样可玩了，如果你是彩妆爱好者，那你一定收集了很多眼影、口红或香水，它们好看的包装、丰富的颜色，可以带给手帐照片不同的新鲜感呢！

你也可以将各种好看的盘子和小饰品结合起来拍照。试着把饰品和手帐文具放在盘子里，摆各种造型吧！

鲜花或者绿色植物是我最近很爱用的元素，它们真的可以给照片带来生机，多肉植物也很棒呢！如果没有新鲜植物，买一些假花或干花也完全可以，干花配复古风的手帐非常合适！

⑤ 随手拿来的背景

其实在早期，我拍照时用的背景都是随手取得的小物。像好看的手绢、围巾、衣服、地板、桌面，再到好看的包装纸、英文报纸、地图等都非常适合当拍照背景呢！

织物可以有独特的纹理和质感，作为背景和普通的平面纸张效果很不一样，所以冬天的围巾、毛衣、印花服（花朵、波点、格子等印花）、毛茸茸的外套或质感好的呢子大衣，都是非常好的拍照背景！大家下次拍手帐照片的时候，试着去衣柜旁找找灵感吧！当然，灵感来了，直接把身上的衣服脱下来当作背景的事儿，我也没少干。

有好看图案的手绢，则可以垫在手帐下面，作为一部分背景。

地板、桌面则是最方便使用的背景。例如，我非常爱用纯白桌面，它和欧美风手帐非常搭！其实如果你家有好看的实木桌子当然更好！如果没有的话，就试试地板吧！效果也很不错哦！

背景纸、牛皮纸、地图就不用说了。我的建议是将它们和单色的桌面结合作为背景。如果整张作为背景，可能会有点乱，像上图中，只露一半效果更好呢！

（2）购买拍照道具

除了上面说的省钱又好用的随手小物，大家还可以选择购买一些拍照道具，如背景板、彩灯、小串灯、摆拍小卡片、小摆件等，让照片更有感觉！

① 背景板

如果你是以下两种人，特别适合使用背景板哦！

• 拍照条件有限

家里没有特别适合拍照的背景桌面的人或在校住宿舍的学生，可能拍照空间很小，只有一小块不怎么好看的桌面或地面。那要如何营造那种想象的效果呢？用背景板都能解决！

其实大家不用觉得用背景板摆拍会很做作、很刻意。要知道其实很多好看的广告图、美食照片等，也都是用背景板拍摄的。你可能想象不到，那些看起来高端的场景照片，可能就是不到一平方米的背景板上的摆拍得来的。在客观条件不允许的情况下，努力创造条件，依旧能拍出好看的照片，其实也很厉害！

• 想要照片风格更多变

背景在一张照片中占有很大的比例，而且照片风格很大程度上是由背景的颜色和质感决定的。因此，如果你想要照片风格更多变，可以多买一些不同颜色和质地的背景板，来做不同的尝试。

背景的颜色当然也可以靠后期PS来改变，但那就很麻烦了。一张背景板，加上不同滤镜、不同布局，可以创造出很多风格，所以还是用背景板方便！

接下来说一说我买的背景板都有哪些种类（这些都是可以在网上轻松买到的）。

A.纸质类背景板

纸质背景板有薄厚两种。薄的和包装纸类似，所以也可以直接买包装纸来做背景。

厚的是由卡纸做的，有很多尺寸可以选择。它分单色款和有图案款，单色款特别实用，是搭配清新风手帐必不可少的小工具。

除了单色款以外，还有些比较特别的印花图案，如波点图案款的、泳池图案款的。

B.薄PVC类背景板

我的黑白两色背景板就是PVC材质的，厚度和卡纸差不多，但它不反光，而且更坚固、耐脏。有了污渍，拿湿布一擦就好了。它还有一种妙用是，用这种背景板拍照，你可以将照片中的图案抠下来当素材使用。

C.厚PVC类背景板

这种背景板的质地很像以前家里常用的地板革。很多木纹、大理石纹的背景板都是这种质地的，它有足够的厚重感，表面还有凹凸的木纹，非常逼真。这种厚重感是其他材质无法比拟的。我买的厚PVC背景板是长条形的，大家可以根据需要购买。我买了四条，使用的时候拼在一起就可以了。完全看不到接缝，无论是肉眼看还是从拍出的照片看都是一整片木板的既视感，而且颜色和款式的选择也很多，很推荐哦！

D.布、纱、绒类背景板

这几种背景板类似，其实完全可以用衣物或床单、沙发罩等布艺品代替。纱类背景板会比较特别，拍照时配合滤镜使用，会令照片显得"仙气十足"。

 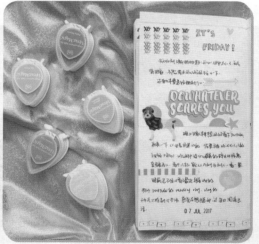

② 彩灯、小串灯

这算是被Instagram上的达人们带火的一个拍照小物件，包括造型大灯，如火烈鸟款、菠萝款、仙人掌款、大字母款等，还有小串灯。现在小串灯也不只有圆形小灯了，市面上有各种各样的造型串灯，如火烈鸟串灯、菠萝串灯、爱心串灯等。我特别喜欢这些灯，买来除了可以用来照相，还可以装饰房间！

我有两个灯，都来自我很喜欢的一个澳大利亚品牌Typo。一个是大的字母灯（我选了名字首字母J，灰黑色），很有做旧效果，不打开的时候也很好看，平时我把它放在梳妆台上做装饰。

另一个是串灯，串灯比较特别，是字母形状的！而且可以用来DIY不同的英文句子。操作也很简单，只要将喜欢的字母插在灯槽上，然后打开开关就可以了。很贴心的是，它还会多准备几个常用字母，所以大家不用担心会缺想用的字母。

③ 摆拍小卡片

上面介绍过，大家可以用家里的明信片或Project Life的卡片代替摆拍时要用的小卡片。如果都没有，可以购买这种专门摆拍用的小卡片。它的种类非常多，风格偏向欧美风。

我买了很多小卡片，大部分被我装进画框挂上墙了，剩下的就用来摆拍啦！

④ 拍照小摆件

这类小东西网上很多，如由树脂做成的各种小动物，金属造型的埃菲尔铁塔等。大家可以根据自己的需要选择！

3. 摆拍布局，就这几招

有了好光线、有了好道具、有了好手帐，想拍出好照片还差一个重要的环节，就是摆拍布局！

就像写手帐的时候选用不同的排版方式会呈现出不同的页面效果一样，不同的摆拍布局和配色，也能打造出完全不同的照片效果！

我比较喜欢根据当天手帐页面的风格和配色来安排照片的布局，这样才能达到整体统一的效果。

虽然摆拍和排版一样，一个人一个风格，十分多变。但我还是要给大家介绍几个我很爱用的基本布局方式。相信只要掌握这些原理，再进一步打开自己的脑洞，大家就可以创造你自己的照片风格啦！

（1）整齐风格

这样的摆拍风格有治愈效果，特别适合有"强迫症"的小伙伴们，而且操作起来比较简单。拍照时，如果选用这种风格，我比较喜欢垂直俯拍。

① 只有手帐本的极简风格

极简风格适合喜欢极简的你，适合不想花太多时间拍照的你，以及适合想突出手帐页面本身的你，可以让人将注意力完全放在手帐本身。

这种布局的操作方法很简单，就是规整地把手帐放在画面中。所有手帐图采用同一拍照角度。这样拍出来的照片，尤其是多照片放在一起时，看起来会非常舒爽。

如果想有一些变化，大家可以在背景上下功夫。这时可以多试几种不同颜色的单色背景！

② 手帐和道具规整地陈列

在极简风格的基础上，加入些其他道具。

| 图： 在手帐旁放一根好看的笔，就是最简单清爽的布局

这时注意道具的颜色搭配。如果你想拍复古风的话，就放些复古风的棕色系、暗色系道具。清新风的话，则可以放各种亮色系的道具。还可以试试看同色系拍照，如所有道具都是橙色系、红色系、绿色系……会特别有意思！

| 图： 多放一些道具，和手帐本一起像方阵一样排开

（2）散乱风格

所谓的散乱，其实是乱中有序啦！相比整齐排列道具的拍照风格，你采用散乱风格时还是要多找规律、多试几次，这样才能让画面和谐好看！

用这种风格拍照布局时，我也比较喜欢垂直俯拍。

① 集中式风格

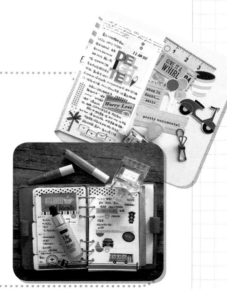

集中式风格就是把手帐和道具都集中在画面的中间，让所有物品有整体感的摆拍风格。这时候可以把相机/手机拿得高一点，让四周的背景多露出一些。

集中于画面中间的手帐和其他小物，交叠着摆放比较好，这能让物品间产生联系。物品可以有正有歪地摆放，但如果歪着摆放道具，切记不要把所有东西都歪向同一边，一左一右会更加平衡好看！

你不用在意道具是不是被遮住了一半，那种若隐若现的感觉最好了，只要手帐都露出来就可以。

② 发散式风格

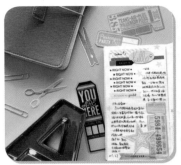

　　不同于把各种物品集中在画面中央的做法。发散式风格就是把各种物品往外扩散，故意把一些小物品拍出画面之外。

　　这种本子露一个角、好看的笔露一半的拍法，我非常喜欢！Instagram上有很多好看的照片也是这样布局的。看似刚做完手帐的散乱桌面，其实是有规律存在的。散乱散发中的美、文具小细节的精美，在这种布局中都能体现出来。

（3）细节之美

　　前面说的两种方法，都是在拍摄整个手帐页面时比较常用的。

　　其实无论是对于手帐页面还是喜爱的文具，手帐控们总是拥有一双发现细节之美的眼睛！那就通过你的镜头，把你发现的美好细节传递出来吧！

　　手帐页面里总有一两处小细节，会让你特别满意。这时候你可以考虑给它们拍一个近景细节图。文具的金属边、皮质本子的光泽等都可以通过细节图表现出来。这时你可以不俯拍，可以试试看从与画面成45度的侧面进行拍摄。

（4）换个角度试试看

我平时最习惯的拍摄视角就是俯拍，这样看到的手帐页面最清楚。

但当我开始尝试换个角度的时候，发现不同的视角展现出的美感是完全不同的，好像发现了一个新世界。

| 图：有时候会故意拍到座椅，有一种正在写手帐的感觉

有一次，在拍桌面上的手帐时，我偶然一歪头发现侧着看桌面，可以把桌子旁的椅子及椅子上的包都拍进画面，非常好看！于是一张特别的照片就这么诞生了！我到现在依然非常喜欢这张照片！

怎么去发现其他好看的角度呢？其实很简单！先布局好大致的画面，然后试着蹲下身子或侧过身子，绕着整个"摆盘"走走看，这时你也许就会发现一两个很特别的视角！然后用镜头代替双眼，记录下这个瞬间吧！

（5）还能怎么拍

　　除了常规的摆放手帐拍照以外，你还可以尝试更有趣的拍照方式。

　　手拿手帐拍照就是我很喜欢的一种方式，尤其是比较随意地放置在腿上，这样整张照片会显得格外自然。

　　这样拍还有一个有意思的地方，就是可以在自己的手上做文章，如戴上喜爱的首饰、涂上好看的指甲油、贴个搞怪的纹身贴等。还可以干脆把袖子也拍进去，这时候如果墙壁的颜色和袖子的颜色具有很大的反差，有时也会很有趣。

　　其实除了上面的方式，还有一种方式是模拟写手帐时的场景，使整个画面变得特别生动。

　　这种方式就是在水平面摆放手帐和道具，然后把自己的手伸进画面吧！手可以自然地压住本子或拿一支笔假装在写字。

4. 修图有时候比拍照还重要

这节来说说修图，其实我的手帐照片都是"后天美女"，除了要注意前面说的各种摆拍取景、道具等因素外，修图也是特别重要的一步。当你同时发布多张照片的时候，我强烈建议用相同的滤镜处理这些图片，这样整体的画面风格才能统一，如果用了多种滤镜，会呈现出色调不一致的情况，这不仅会让照片看起来很奇怪，还会削弱滤镜的效果。

（1）欧美风

通常对于欧美风的图片，我建议不使用滤镜，而推荐直接通过调节亮度、对比度、饱和度等参数来达到好看的效果。我一般使用Instagram来完成这些操作，感觉比手机自带的效果要好一些。

具体的操作步骤我会在后面的章节"一张照片的'整容'过程"中来讲解。

（2）复古风

复古风照片对滤镜的要会高一些，通过滤镜，可以表现不同的气氛。所以复古风手帐图一定要加滤镜。

我推荐使用MOLDIV和Instagram这两个App给照片增加滤镜。我试过很多类似的App，用下来这两个的自带滤镜处理完的照片效果最好，专注使用几个常用App，也有利于对里面的滤镜功能越来越熟悉，用得也会越来越顺手，不会因为选择太多而不知所措。

MOLDIV　Instagram

在Instagram里，我非常喜欢的复古滤镜有下面几个。

Gingham:

这个滤镜会让照片有一层灰色朦胧的效果。

Valencia:

这个滤镜的黄色调非常明显，给人一种暖暖软软的感觉。

X-Pro II:

使用这个滤镜处理过的照片的颜色有一点偏红，四周也会有黑色暗影，照片看上去有种被包围的温暖复古感。

MOLDIV里的滤镜相对Instagram的来说数量更多了，系列也更全了，而且每个系列里都有很多样式。

BASIC-VIVID:

在照片过于暗淡、有些没生气的时候，使用这个滤镜可以适当地给照片提"气色"，复古风的照片使用这个滤镜处理后，整体色彩会更浓郁。

BASIC-DAYLIGHT:

这个滤镜非常恰当的"偏红做旧"效果，可以让任何普通的照片立刻呈现出复古老照片的感觉，照片里的木质或纸质看起来质感极好，整体感觉又很沉稳，所以强烈推荐哦！

BASIC-RAINYDAY:

这款的感觉和Instagram里的Gingham滤镜效果有一点像，但不会那么萌，更有复古感。

PROFESSIONAL-EXTRA800:

这个滤镜会轻微调整照片颜色，使其偏红、偏灰。在不太改变原照片颜色的情况下，这个滤镜会增强复古感。

除了滤镜以外，MOLDIV里还有很多纹理可以选择，不过这部分是要付费购买的。

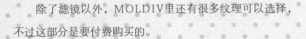

我非常喜欢里面的NATURE系列，很多星星点点的亮粉效果，配合少女心的照片效果很好哦！

还有FILM BURN系列也很特别，除了手帐图，用来修饰日常照片也超棒的！

（3）少女风

AnalogFilm里有很多带有少女风的滤镜，包括Paris、Portland、Tokyo、London、Jeju、Beijing、Budapest和Wedding等系列，每一个系列都是单独的App。

虽然每款里面的滤镜种类不多，但都相当有特色，特别极具地方特色的风情，大家可以根据自己的需要选择。

我最常用的是Paris、Budapest、Wedding，这三款都是粉白调滤镜，少女风十足！还可以配合MOLDIV里的NATURE系列纹理，给照片后续加上闪粉，这样就是完美少女风啦！

5. 一张照片的"整容"过程

本节给大家讲解两种风格的照片"整容"过程，这两种风格分别是复古风和欧美风。

对于照片的"整容"，除了摆拍、取景、道具这些因素之外，后期处理也是非常重要的。在我的印象中，我的手帐照片，都是经过微调的。

（1）复古风

这张是原图，颜色有点暗。

如果直接加滤镜的话，有可能会更暗，所以先调高亮度。

我比较喜欢用Instagram调亮度，感觉比手机自带的调亮度效果好。

然后选择滤镜。我用的App是MOLDIV。我比较偏爱的滤镜在之前的章节已经介绍过啦。

通常我会根据照片的构图和我想要表现的效果，来选择滤镜。大家可以多试几个滤镜，选择最想要的那一个即可。

我想在这张照片中体现一种秋天黄昏的感觉，还想要一点温暖的感觉。因此我选了BASIC DAYLIGHT这个有点偏红的滤镜，它自带一点做旧效果。

（2）欧美风

想要欧美风的照片效果好，一定要够亮。但通常室内拍的照片都不会很亮，所以要使劲调高亮度哦！这种风格的照片，我不喜欢使用任何滤镜，因为一旦加上滤镜，清新感就会降低。所以着重调一些基本参数即可。

这张照片是原图，有点歪，画面周围有点空，整个色调也发暗、发灰。

首先把照片导进Instagram，然后稍微调整角度，让照片看起来更正。再裁切一下，让画面看起来更集中。

调整亮度。注意这里有个小窍门：如果你的照片背景是白色桌子，那么把背景调到非常白，看不出桌子什么质感和阴影最好！如果不喜欢那么白，可以稍微少调一些。

调过亮度之后，图中的图案和颜色会受影响，变得不那么鲜艳和清晰。

这时候要先调整对比度，稍稍调高一些就行。然后调整饱和度和暖色调。我一般先加一点饱和度，让失真的颜色回来一些。这时候要注意不要调得太过，否则颜色会太浓。调整到和实物相近，比较鲜艳就行。

暖色调是可选项。如果你觉得调整完的照片整体色调太冷，就可以适当增加一些暖色调。

1. 收纳攻略

　　我在卧室内专门设置了一块手帐区域。一整套收纳装备基本都是在宜家和MUJI购置的，还有一些定制的柜子，用来放打印机之类的"大件"。剩下的手帐素材就按类型收纳在了十几个抽屉里，这样找起来真的非常方便！

　　关于贴纸的三种收纳方法，我拍过一个视频，可供大家参考。

扫码看视频
"三种手帐贴纸收纳方法"

　　这一节主要介绍我最喜欢的一部分——纸胶带收纳。我一共使用了三种收纳方法，便宜、易得又整齐，强烈推荐！材料都是我在宜家淘到的小物件。

　　之前常见大家分享的胶带收纳方法，大部分是放在那种桌上的木盒子里或一层一层的小抽屉里。这两种方法我觉得不适合我。一是我不太喜欢把数量庞大的胶带全都摆在桌面上。二是把胶带放在那种小抽屉里，用的时候可能要将七八个抽屉都翻一遍，我觉得有点麻烦。所以积累了一些经验，想出了下面三种方法。

　　我的方法要用到的三种材料，本来都不是用来收纳胶带的，但却和胶带配合得天衣无缝。

（1）治疗强迫症的抽屉胶带收纳法

　　这种方法要用到宜家的调料罐插件，它摆放在宜家的厨房抽屉收纳区域，本来是用来放调料罐或者餐具的。它本身自带弧度，上面灰色弯曲部分的材质是橡胶，可以增加摩擦力。

　　我用的抽屉是宜家那种组合桌下面的抽屉。放三条插件刚刚好！如果不是宜家的桌子，可以根据插件尺寸，看看自家抽屉适合放几条。

　　这样一层可以放入近100卷胶带，找起来一目了然，不需要一个一个抽屉翻了。

　　像仓敷那种大卷胶带也可以轻松放进去，取用很方便，看起来也很整齐。

瓦瑞拉 调料罐插件
￥ 29.90
宽度：10 厘米，深度：49 厘米，高度：2 厘米

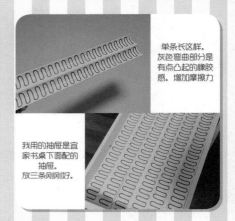

单条长这样。灰色弯曲部分是有点凸起的橡胶感。增加摩擦力

我用的抽屉是宜家书桌下面配的抽屉。放三条刚刚好。

图： 放完胶带的样子。如果一个抽屉还不够你放，可以多放几个抽屉

这种方法要用到图片里的两个组合物件。它们摆放在宜家浴室收纳区内。

要注意的是：宜家有很多这种杆子卖，但是我看过的貌似只有这一种适合放胶带，因为可以随时取下杆子。其他的要么就是无法取下，要么就是杆子太粗。这款杆子粗细适中，串胶带完全没有问题！杆子的长度可以根据需要调节：120cm～210cm都可以。想取下来也很方便，几秒的事儿，可以随时更换胶带。

这样收纳胶带，展示和使用都很方便。我主要放色彩鲜艳的，适合拉条、包装用的胶带。每次取用时，直接向下一拉就行，非常方便。

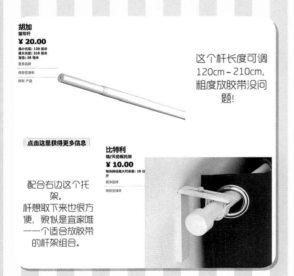

胡加
窗帘杆
¥ 20.00
最小长度：120 厘米
最大长度：210 厘米
直径：28 毫米

更多选择

保存至清单

相关 产品

这个杆长度可调
120cm～210cm，
粗度放胶带没问题!

点击这里获得更多信息

比特利
墙/天花板托架
¥ 10.00
每根杆能承受最大可承载：10 分
片

更多选择

保存至清单

配合右边这个托架。
杆想取下来也很方便，貌似是宜家唯一一个适合放胶带的杆架组合。

（3）整齐又美观的桌面胶带收纳法

右图中是一套四件的玻璃深托盘，厚实好看，特别适合放成套的胶带，而且取用方便。大盘可以放26卷左右的胶带。其他三个小盘可以放便利贴、点状胶、plus花边带等。

来自一个玻璃四件套组合

成套的胶带这样放很美，取用方便，可以放26卷左右。

2. 手帐相关英文词汇

写这节的主要目的是便于大家查阅。

有很多欧美品牌的文具和手工品都非常棒，欧美社交平台上也有很多达人的晒图或视频，但是都需要用英文关键词搜索才能找到。这节我会按品牌和物品来给大家列出一些常见的手帐类英文词汇。

有了这些词汇，你可以得到以下帮助。

• 买文具时搜索关键词。

• 在Instagram或者Pinterest上看图时，按关键词搜索。

• 在Youtube观看手帐类视频时，用关键词搜索。

这样视野真的会宽广好多！打开了各种手帐类网站的大门后，你会发现，原来还有这么多有趣的想法。

备注：下面提供的是我觉得最常用，也是网上最红的一些欧美品牌和关键词，大家可以按关键词搜索，看看自己喜欢哪个品牌的风格，再去深挖更多它们的产品就好啦！

本子

Ban.do	Moleskine
Chic Sparrow	Paperblanks
Carpe Diem	Quovadis
Filofax	Rifle Paper Co.
Gillio	Rhodia
Leuchttrum1917	Webster's Pages

【搜品牌】
综合素材

American Craft	Martha Stewart
Altenew	Mama Elephant
Bo Bunny	Project Life
Crate Paper	Pink Paislee
Create A Smile	Prima
Dear Lizzy	Pinkfresh
Hero Arts	Ranger
JillibeanSoup	Recollections
Lawn Fawn	Sweet Stamp
Little B	Simple Stories
MAMBI	Studio L2E
Mommy Lhey	Sakuralala
My Minds Eye	We R Memory Keepers
My Favorite Things	Waffle Flower

【搜设计师】

Amy Tangerine	Kelly Purkey
Becky Higgins	Tim Holtz
Heidi Swapp	

【搜文具】

album	（相册）
card stock	（卡纸）
die cut	（预切割）
embossing powder	（凸粉）
fuse tool	（摇摇卡封口工具）
glass bead	（米珠，摇摇卡用）
ink pad	（印泥）
paper pad	（纸本，这里指欧美的图案纸本，前面章节介绍过）
photo pocket pages	（透明相册袋）
rub-on	（刮刮贴）
ribbon	（丝带）
stamp	（印章）
sticker	（贴纸）
sequins	（亮片）
stencil	（遮蔽板，配合海绵晕染刷使用）
washi tape	（纸胶带）

【搜本子】

agenda	（日程本的另一种说法）
diary	（日记）
DIY	（手工）
journal	（日记）
notebook	（笔记本，主要是学习用）
planner	（日程本）
stationary	（文具）
snail mail	（手帐圈交换礼物做的蜗牛信）
scrapbook	（剪贴簿）

【搜主题】

journal with me	（和我一起写日记，装饰用，也可以搜art journal）
plan with me	（和我一起做计划，也可以简写成pwm）
planner haul	（各种haul类的内容，主要是介绍新买的东西）
take note	（可以搜到很多讲笔记术的视频和照片）

其实在写这本书的时候，我有很多想法都想"塞"进来。我的所有总结都想一并分享给你们。但是一本书的内容有限，并不可能把这世间所有的文具、所有的技巧都介绍透彻（我也没有这么大本事）。因此，在文具和手帐技巧的介绍里，我重点地说了我亲身试用过、非常喜欢、并且百试不厌的几款。我更多地表达了一些关于手帐的态度和想法，而这些其实才是我真正想说的。

网络上每天都会出很多干货内容，但我觉得写手帐时能按照自己的心意、找到自己的步调，才是最重要的。这让我们不会被层出不穷的新文具和各种使用技巧所吞没。当我们认清自己想要的是什么时，其实所谓的干货技巧便没那么重要了。因为我们可以总结出属于自己的"干货"了。我写这本书只是想给你们提供一些思路，真正的宝藏其实在你们自己的脑子里。

只要记住，你的手帐，只属于你，你的故事，由你书写。在几十年后，真正会拿起这本手帐回忆过去美好点滴的只有你自己。所以别给自己太大压力，也别被铺天盖地的安利压得喘不过气。好好享受独处时的手帐时光吧！

其实手帐也真的在帮我圆梦耶！小时候开玩笑般在日记里写过想出书的愿望，但是，从没真的想过，在年轻的时候，这个愿望可以实现。去年和几个朋友出了第一本手帐书，当时已经觉得激动万分了。但这次，我要出版属于自己的一本手帐书了，更是觉得肩负重任。

就连整个写书的过程，都是由我最亲爱的手帐本督促完成的。从最初和编辑讨论目录框架到每一天实实在在地完成书稿和图片。整个过程，我觉得没有手帐本的帮助和陪伴，我真的完不成。用手帐本梳理框架结构、大纲内容，在日程本里安排每天要完成

的内容，一本书就这样一步步地完成了。看着一篇篇文稿、一个个文件夹，想象着它们变成书本的样子，我的心中充满了幸福和感激。

希望你们读完这本书，会感到快乐，会有去书写自己美好生活的冲动。如果还能给你们一些启发，我会感到很荣幸！

手帐的世界，还有很多有趣的东西。跳出思维的盒子，才能打开脑洞。

接下来就让我们继续在手帐的陪伴下，发现更美好的生活吧！